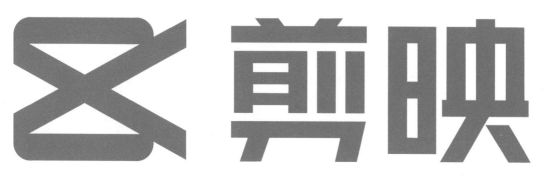

剪映

短视频剪辑 / 字幕 / 动画 / AI
从新手到高手 手机版 ＋ 电脑版

代杰◎著

U0220265

人民邮电出版社
北京

图书在版编目（CIP）数据

剪映：短视频剪辑/字幕/动画/AI从新手到高手：
手机版+电脑版 / 代杰著. -- 北京：人民邮电出版社，
2025. -- ISBN 978-7-115-65449-6

Ⅰ．TP317.53

中国国家版本馆 CIP 数据核字第 2024NH2558 号

内 容 提 要

本书以剪映App短视频剪辑软件为基础，结合大量的实例讲解和教学视频演示，帮助读者快速提升短视频的创作能力。

全书分为2篇，共13章。第1~4章为新手篇，主要介绍剪映App和剪映专业版的工作界面与功能设计，以及素材采集与整理、制作短视频字幕、音频的基本编辑等内容；第5~13章为高手篇，从画面、运动、转场、声音、调色、特效、画面合成等设计维度，结合剪映专业版和AI自动化剪辑等内容，帮助读者构建系统的剪辑思维。从第2章开始，每章设置了"1分钟剪辑实战"板块，第2章~第11章设置了"创作技法"板块，旨在帮助读者掌握剪辑技巧，成为剪辑高手。

本书适合广大短视频爱好者、短视频创作者，以及想寻求突破的新媒体行业相关从业者学习和使用，还适合作为高等院校影视、剪辑等相关专业的教材。

◆ 著　　　　代　杰
　　责任编辑　孙燕燕
　　责任印制　周昇亮
◆ 人民邮电出版社出版发行　　北京市丰台区成寿寺路 11 号
　　邮编　100164　　电子邮件　315@ptpress.com.cn
　　网址　https://www.ptpress.com.cn
　　临西县阅读时光印刷有限公司印刷
◆ 开本：700×1000　1/16
　　印张：12.5　　　　　　　　　2025 年 1 月第 1 版
　　字数：240 千字　　　　　　　2025 年 1 月河北第 3 次印刷

定价：69.80 元

读者服务热线：**(010)81055296**　印装质量热线：**(010)81055316**
反盗版热线：**(010)81055315**
广告经营许可证：京东市监广登字 20170147 号

前言

　　大家好，我是 @Jack 的影像世界的账号主理人 Jack（本名：代杰）。该账号起号半年，全网粉丝就达到了 14 万。在此之前，我在短视频领域已经深耕 5 年，在电影行业从业 2 年。在担任 MCN 内容导师时，我就做了数条百万播放量的爆款短视频，深谙短视频的内容传播逻辑。而剪辑，是我从大学就开始热爱的事情，在剪辑领域已经有 8 年的技术沉淀，我深知剪辑能力对于创作爆款短视频作品的重要性。

　　正是基于对剪辑和爆款的双重深刻理解，我的账号 @Jack 的影像世界在不同领域都做出了一些成绩。

1. **带货**：1 条短视频促成 72 万元的成交额。

2. **口播**：创作出数条播放量破 100 万的爆款短视频。

3. **Vlog**：受邀去酒泉卫星发射中心拍摄火箭。

4. **广告**：接到佳能相机、华硕电脑等大牌企业的广告邀约。

5. **课程**：自研"短视频·爆款剪辑必修课"，收获学员众多好评。

　　很多人说，要先确定变现方式再做账号；而我的账号证明了，只要内容足够好，足可以多领域发展。大家所翻开的这本书，正是我突破的一个全新领域：把这些年在剪辑领域深耕的经验积累凝结成本书。

内容框架

本书按照从剪辑新手到剪辑高手的逻辑，由易到难，教授技术。无论您是初学者还是有一定经验的剪辑师，本书都可以为您提供全面而实用的指导。

每章具体内容如下。

第1章 剪映基础入门 介绍了剪映 App 和剪映专业版的下载与安装方法、工作界面，并讲解了短视频剪辑的基础知识。

第2章 素材采集与整理 讲解了剪映 App 中相关素材的基础操作和视频画面的基本调整，以及视频的管理与设置等。

第3章 制作短视频字幕 讲解了剪映 App 中添加和美化视频字幕的方法，以及制作字幕动画的方法等。

第4章 音频的基本编辑 讲解了剪映 App 中添加背景音乐和音效的方法、音频素材的处理和音乐的踩点操作等。

第5章 画面设计：升级你的影像质感 讲解了通过剪映 App 中的美颜、美型、美妆、美体等功能来精修人像；通过超清画质、画面防抖功能来提升画面质感的操作。

第6章 运动设计：让你的画面动起来 讲解了剪映 App 中的动画效果的添加方法和使用各种关键帧制作动画效果的方法，并介绍了各种常用的关键帧效果。

第7章 转场设计：打造舒适无感转场 介绍了常用的转场思路和剪映自带的转场效果，以及创意转场效果的制作方法等。

第 8 章 声音设计：声入人心的视频灵魂 介绍了声音的必要设置，应该如何选择理想的背景音乐，如何用音效颠覆观众的视听体验，以及视频声音设计艺术等内容。

第 9 章 调色设计：打造色彩美学 介绍了色彩是如何改变观众视觉的，讲解了剪映 App 中的调节、滤镜等功能，以及其他功能辅助调色等内容。

第 10 章 特效设计：让视频更具创意与高级感 介绍了特效对于视频的意义，以及剪映 App 的特效功能和特效效果的应用方法等内容。

第 11 章 画面合成设计：多功能使用打造炫酷画面 讲解了剪映 App 中的视频抠像、视频合成和混合模式的功能及使用方法。

第 12 章 剪映专业版 讲解了剪映专业版的各种功能及使用方法。

第 13 章 AI 自动化剪辑 讲解了前沿的 AI 自动化剪辑技术，包括智能剪口播、智能剪 Vlog、智能视频编辑和智能图片编辑等功能的使用方法和应用场景。

本书特色

本书与其他同类剪辑图书相比，具有独特的优势。

15 种前沿 AI 剪辑技术，实现视频生产自动化：这是本书的重磅部分，我测试了剪映 App 的 30 多种 AI 功能，并与爆款短视频生产思路相结合，总结出了 15 种 AI 剪辑技术与应用场景，帮助大家实现视频生产自动化、精致化。

28 种爆款创作技法，立竿见影地提升视频质感：第 2 章～第 11 章设置了"创作技法"板块，全书共 28 种创作技法。这些都是对近一年来粉丝提问最多的创作问题的解答。读者看完能立马应用，即刻提升视频质感。

32 个"1 分钟剪辑实战"，附赠讲解视频：从本书第 2 章开始，我都布置了"1 分钟剪辑实战"作业。读者只需要花费 1 分钟实操，即可掌握剪辑知识和技能。同时，我为每个剪辑实战录制了精致的讲解视频，大家只需要扫描对应二维码观看 1 分钟视频就能学会。

代杰

2024 年 11 月

目录

CONTENTS

高手篇

第5章

画面设计：升级你的影像质感

新手篇

有很多读者可能刚开始接触剪辑，属于新手，觉得剪辑视频很难。

但我首先要告诉大家，学会剪辑这件事很简单，只需要三步：剪气口（把说错、多余的片段删除）、上字幕（结合说的话在下面加字幕）、加配乐（为视频添加背景音乐）。

完成上述这三步，一条完整的、能发布到社交平台或短视频平台的内容就做好了。这就是我们的粗剪三步法，大家在新手阶段，学会这三步，就可以轻松完成入门。

所以在新手篇，我根据这三步为大家设计了前 4 章的内容。软件怎么使用、素材如何管理、字幕怎么做、背景音乐怎么加，学完就会。

 第1章 剪映基础入门

很多人看到我的视频剪辑比较精美，以为我是用 final cut pro 或达芬奇制作的。其实不然，我的所有视频都是用剪映 App 做出来的。剪映 App 功能非常强大，足够支持我们做出精致的视频。

本章，我们首先来认识剪映 App 这款软件有哪些功能、是如何运作的，以及剪辑的基础认知。

剪映基础入门

认识剪映 App
- 剪映 App 概述
- 下载并安装剪映 App
- 剪映 App 的工作界面
- 剪映 App 的主要功能

认识剪映专业版
- 剪映专业版概述
- 下载并安装剪映专业版
- 剪映专业版的工作界面
- 剪映专业版的首页功能

短视频剪辑的基础知识
- 剪辑的目的
- 短视频剪辑的基本流程

1.1 认识剪映App

最初的剪映只有可用于手机端的剪映 App，作为最早推出的软件版本，剪映 App 的功能更加全面，更加方便快捷，下面来认识剪映 App，并详细介绍其下载和安装的方法。

1.1.1 剪映App概述

剪映 App 是抖音官方于 2019 年 5 月推出的一款视频剪辑软件，如图 1-1 所示。剪映 App 具有全面的剪辑功能和丰富的曲库资源，并拥有多种滤镜、特效、贴纸效果，上线 4 个月便登上 App Store 榜首，在海外也深受欢迎。视频从此"轻而易剪"。截至2024年1月，剪映App在App Store中已有1492万个评分，拥有众多用户。

图1-1

1.1.2 下载并安装剪映App

剪映 App 和剪映专业版的下载与安装方式不同。剪映 App 只需要在手机应用商店中搜索"剪映"并点击安装即可；而剪映专业版则需要在计算机浏览器中搜索"剪映专业版"，进入官方网站后，在主页点击"立即下载"按钮进行安装，下面讲解具体的操作方法。

1. Android 系统

（1）打开手机桌面，点击"应用市场"图标，在顶部搜索栏中输入"剪映"，如图 1-2 所示。

图1-2

（2）找到剪映App后，点击"安装"按钮，如图1-3所示。下载并安装好后，即可在手机桌面看到剪映App图标，如图1-4所示。

▶ 提示

手机App的安装方法大同小异，不同品牌的Android系统手机安装过程上可能略有差异，上述安装方式仅供参考，请以实际操作为准。

图1-3

图1-4

2. iOS 系统

（1）打开手机桌面，点击"App Store（应用商店）"图标，如图1-5所示。进入"App Store（应用商店）"后，进入搜索界面，如图1-6所示，在顶部搜索栏中输入"剪映"，如图1-7所示。

图1-5

图1-6

图1-7

（2）搜索到剪映 App 后，用户可直接点击右侧的"获取"按钮，进行下载和安装，如图1-8所示。用户也可以进入剪映 App 详情页，在其中点击"获取"按钮，进行下载和安装，如图1-9 所示。完成安装后用户即可在手机桌面看到剪映 App 图标，如图1-10 所示。

图1-8

图1-9

图1-10

1.1.3　剪映App的工作界面

剪映 App 的工作界面简洁明了，各工具按钮下方附有相关文字，用户可以对照文字说明轻松管理和制作视频。在本节中，我们将会把剪映 App 的工作界面分为主界面和编辑界面两部分进行介绍。

1. 主界面

打开剪映 App，首先映入眼帘的是默认的剪辑界面，即剪映 App 的主界面，如图 1-11所示。

点击底部导航中的"剪辑"🎬、"剪同款"▶、"消息"🔔、"我的"按钮👤，即可切换至对应的功能界面，各功能界面的说明如下。

● 剪辑：包含创作工具和创作辅助工具以及草稿箱。

● 剪同款：包含各种各样的模板，用户可以根据菜单分类模板进行套用，也可以通过搜索框搜索自己想要的模板进行套用。

● 消息：接收官方的通知及消息、粉丝的评论及点赞提示等。

● 我的：展示个人资料情况及收藏的模板。

创作辅助工具

创作工具

草稿箱

底部导航

图1-11

2. 视频编辑界面

在主界面点击"开始创作"按钮 ，进入素材添加界面，在选择相应素材并点击"添加"按钮后，即可进入视频编辑界面，如图1-12所示。该界面由三部分组成，分别为预览区、时间轴和工具栏。

● 预览区：预览区的作用在于实时查看视频画面，它始终显示当前时间线所在的那一帧的画面。可以说，视频剪辑过程中的任何一个操作，都需要在预览区确认其效果。当对完整视频进行预览后，发现已经没有必要继续修改时，一个视频的后期剪辑就完成了。

在图1-12中，预览区左下角显示的00:00/00:03，表示当前时间线所在的时间刻度为00:00，而00:03则表示视频总时长为3s。

预览区

时间轴

工具栏

图1-12

点击预览区底部的"播放"按钮▶，即可从当前时间线所处位置开始播放视频；点击"撤销"按钮◥，即可撤回上一步操作；点击"恢复"按钮◤，即可在撤回操作后再将其恢复；点击"全屏"按钮◲，即可全屏预览视频。

● 时间轴：在使用剪映进行视频后期剪辑时，90% 以上的操作是在时间轴中完成的。该区域中包含三大元素，分别是轨道、时间线和时间刻度。当需要对视频素材长度进行裁剪或者添加某种效果时，就需要同时运用这三大元素来精准控制裁剪和添加效果的范围。

● 工具栏：视频编辑界面的底部为工具栏，所有功能几乎涵盖了剪映中的相关选项，在不选中任何素材轨道的情况下，显示的为一级工具栏；点击相应按钮，即可进入二级工具栏。需要注意的是，当选中某一素材轨道后，剪映的工具栏会随之发生变化——变成与所选轨道相匹配的工具栏。

1.1.4 剪映App的主要功能

进入剪映 App 的视频编辑界面后，可以看到底部工具栏中提供了全面且多样化的功能，如图 1-13 所示。

图1-13

主要功能的介绍如下。

● 剪辑✂：包含分割、变速、动画等多种编辑工具，拥有强大且全面的功能，是视频编辑工作中经常要用到的工具。

● 音频♪：主要用来处理音频素材。剪映也有内置专属曲库，为用户提供不同类型的音乐及音效。

● 文本T：用于为视频添加描述文字，内含多种文字样式、字体及模板等。剪映不仅支持识别视频素材中的字幕或者歌词，还能 AI 配音，朗读文字内容，生成音频素材。

● 贴纸◔：内含百种不同样式的贴纸，可有效提升视频美感，增强趣味性。

● 画中画▣：相当于素材轨道，常在制作多重效果时使用。

● 特效✸：内含多种不同类型的特效模板，只需点击特效模板，即可将相应的特效应用于素材片段。

● 字幕▤：剪映支持识别视频素材中的语音部分，自动添加字幕或双语字幕；也可以对素材进行智能划重点和标记无效片段操作，以提升用户的剪辑效率。

● 模板▯：为用户提供了大量的视频创作模板，用户只需要手动添加视频或图像素材，就能够快速、高效地制作一条完整的视频。

● 滤镜▣：包含不同类型的滤镜效果，让视频画面更加出彩。用户可针对不同的场景使用相应的滤镜，烘托短视频氛围，提升短视频质感。

● 比例▣：集合了当下常见的视频比例，用户可以根据自身创作需求选择合适的比例。

● 数字人▣：用于在画面中添加逼真的数字人效果，模拟真人出镜效果。

● 背景▣：用于设置画布（背景）的颜色、样式及模糊程度等。

● 调节▣：用于调节视频画面的各项基本参数，有助于优化画面细节。

除以上这些功能，剪映中还有一些特色功能，如剪同款、创作课堂、抖音链接下载等。这些特色功能使剪映真正做到了新手也能快速上手，并制作出精美的短视频。

1.2 认识剪映专业版

在使用剪映专业版进行视频后期编辑之前，首先需要对该软件有一个基本的了解，下面来介绍剪映专业版，以及该软件的下载、安装方法和工作界面。

1.2.1 剪映专业版概述

剪映专业版是抖音官方继剪映 App 之后推出的一款在电脑端使用的视频剪辑软件。相较于剪映 App，剪映专业版的界面及面板更清晰，布局上更适合电脑端用户，也更适用于专业的视频剪辑场景，能够帮助用户制作出更专业、更高阶的视频效果。图 1-14 为抖音官方推出的剪映专业版宣传展示界面。

图1-14

▶提示

剪映专业版是由抖音官方推出的一款全能易用的电脑端剪辑软件，现有Mac OS版本与Windows两种版本，以下统称"剪映专业版"。

剪映 App 与剪映专业版的最大区别在于二者基于的用户端不同，因此在界面、布局上也存在不同，但主要功能是一致的。相较于剪映 App，剪映专业版基于电脑屏幕的优越性，可以为用户呈现更加直观、全面的画面编辑效果，这是剪映 App 所不能比拟的优势，图 1-15

和图 1-16 所示分别为剪映 App 和剪映专业版的工作界面展示。

图1-15

图1-16

剪映 App 的诞生时间较早，目前既有的功能和模块已趋于完善，剪映专业版的推出时间较之剪映 App 更晚，故而一些特色功能仅能在剪映 App 中使用，例如 AI 作图、AI 特效等功能。

1.2.2 下载并安装剪映专业版

剪映专业版的下载和安装非常简单，下面以 Windows 版本为例讲解剪映专业版具体的下载及安装方法。

（1）在计算机浏览器中打开搜索引擎，在搜索框中输入关键词"剪映专业版"搜索剪映官方网站，如图 1-17 所示。

图1-17

（2）进入剪映官方网站后，在主页上点击"立即下载"按钮，如图1-18所示。

图1-18

（3）浏览器将弹出任务下载框，用户可以自定义安装程序的下载位置，之后点击"下载"按钮进行下载，如图1-19所示。

图1-19

（4）完成上述操作后，在下载位置找到安装程序文件，双击该安装程序文件即可自动开始安装，如图1-20所示。

▶提示

上述操作步骤是基于Windows版本剪映专业版编写的，Mac版本更简单，用户直接在App Store搜索下载即可。

图1-20

1.2.3　剪映专业版的工作界面

在计算机桌面上双击"剪映"图标,点击"开始创作"按钮,即可进入剪映专业版的操作界面。剪映专业版的整体操作逻辑与剪映 App 几乎一致,但由于计算机的显示器屏幕较之手机屏幕更大更宽,剪映专业版的操作界面和剪映 App 的操作界面存在一定区别。

因此,新手在学会剪映 App 操作方法的基础上,只要了解剪映专业版各个功能和选项的位置,就能够较快上手使用剪映专业版进行剪辑。

剪映专业版的操作界面如图 1-21 所示,主要包含六大区域,分别为工具栏、素材区、预览区、素材调整区、常用功能区和时间轴,这六大区域分布着剪映专业版的所有功能和选项。其中占据面积最大的是时间轴,该区域也是剪映专业版中视频剪辑的主要区域。在剪映专业版中,剪辑的绝大部分工作都会对时间轴的轨道进行编辑,以实现预期的视频效果。

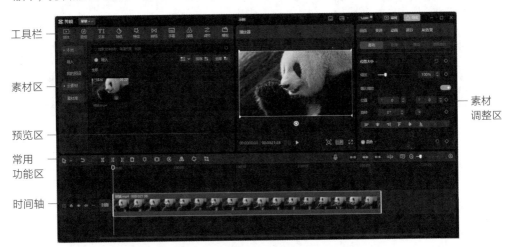

图1-21

剪映专业版各区域的功能和选项介绍如下。

● **工具栏**:工具栏包含"媒体""音频""文本""贴纸""特效""转场""滤镜""调节""素材包"9 个选项。其中只有"媒体"选项没有在剪映 App 中出现。在剪映专业版中选择"媒体"选项■后,可以从"本地"或者"素材库"中选择素材并将其导入素材区。

● **素材区**:选择工具栏中的"贴纸""特效""转场"等选项,其可用素材、效果均会在素材区显示出来。

● **预览区**:在后期剪辑过程中,可随时在预览区查看效果,单击预览区右下角的"全屏"按钮■,可以进行全屏预览;单击右下角的"比例"按钮■,可以调整画面比例。

● **素材调整区**:选中时间轴的某一轨道后,素材调整区会根据选中的轨道类型显示该轨道的效果设置参数。轨道可分为视频轨道、音频轨道、文字轨道 3 种类型。例如,选中音频轨道后，素材调整区显示的参数设置如图1-22所示。

● 常用功能区：在常用功能区，可以快速对视频进行分割、删除、定格、倒放、镜像、旋转和裁剪这7种操作。当用户操作出现失误时，点击"撤销"按钮，即可将这一步操作撤销；点击"选择"按钮，即可将鼠标的作用设置为"选择"或分割。选择"分割"选项后，在视频轨道上单击，即可在当前位置分割视频。

● 时间轴：时间轴中包含三大元素，分别为轨道、时间线、时间刻度。由于剪映专业版的界面较大，所以不同类型的素材轨道可以同时显示在时间轴区域中，如图1-23所示。

图1-22

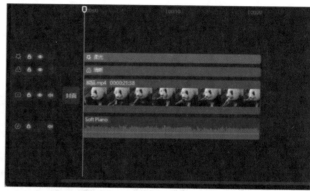

图1-23

1.2.4 剪映专业版的首页功能

启动剪映专业版软件后，首先映入眼帘的是首页界面，在首页界面中包含许多功能，本节将介绍剪映专业版软件的首页功能。

双击计算机桌面上的"剪映"图标，进入剪映的首页界面，如图1-24所示。

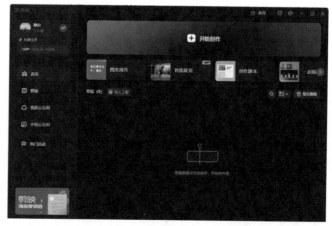

图1-24

在剪映专业版的首页界面中，用户可以看到开始创作、图文成片、智能转比例、创作脚本、一起拍等功能，各功能介绍如下。

● 开始创作：点击"开始创作"按钮后，自动创建剪辑草稿，即可进入剪映专业版的编辑界面。

● 图文成片：设定一个主题后输入文案，选择好时长选项，即可根据输入的文案内容自动生成一定时长的视频。

● 智能转比例：导入视频后，系统可自动设定视频比例，还可调整视频画面稳定度。

● 创作脚本：提供脚本格式，包括大纲、分镜描述、已拍摄片段、台词文案、备注这5 个部分，创作好的脚本可以上传至云空间中，便于创作，如图 1-25 所示。

图1-25

● 一起拍：邀请好友一起观看视频，并拍摄下一起观看视频的画面，便于制作视频，如图 1-26 所示。

● 草稿箱：该区域占据剪映专业版首页界面的大部分面积，用于导入工程文件、管理草稿、调整草稿箱显示样式、查看最近删除草稿和搜索草稿名称，如图 1-27 所示。

图1-26

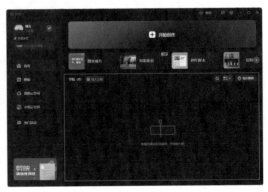

图1-27

1.3 短视频剪辑的基础知识

1.3.1 剪辑的目的

"剪辑"可以说是视频制作中不可或缺的一个部分。如果只依赖前期拍摄，那么势必在跨越时间和空间的视频素材中会出现很多冗余内容，也很难把握画面的节奏与变化。所以，需要利用"剪辑"来重新调整各个视频片段的顺序，并剪掉多余的片段，令画面的衔接更为紧凑，结构更严密。

在剪辑中主要有以下几个目的。

1. 去掉多余内容

将不需要的、多余的内容删除，如拍摄好的视频素材的开头与结尾一些无实质内容的片段，容易影响视频画面的表达，将这些内容分割、删除可令画面表现效果更好，为观众带来更好的视觉体验。同时，在拍摄过程中受到干扰而导致一些画面存在瑕疵，这些也需要通过剪辑将其删除。除此之外，若碰到画面没有问题，但在剪辑过程中发现其与视频主题有偏差，或者很难与其他片段衔接的情况，也可以将其剪掉，只保留创作者所需要的内容。

2. 把控视频节奏

在剪辑时，通过调整画面的顺序和持续时间、视频素材的播放速度和添加背景音乐与音效，可以创造出不同的节奏感。例如，快速的切换和短时的画面可以加快视频节奏，为观众带来紧迫感；而长时的画面可以放慢视频节奏，会给观众冷静和深思熟虑的感觉。

3. 视频二次创作

视频二次创作是指使用相同的视频素材，通过不同的方式进行剪辑。二次创作可以形成画面效果、风格甚至是所表达的情感都完全不同的 2 条视频。

4. 常见名词解析

对于初学视频编辑的新手来说，在视频编辑工作中难免要接触到一些专业术语。如果对这些专业术语不了解，对视频编辑工作的效率势必会有所影响。影视相关从业人员都需要具备一些基本知识和理论，下面就介绍视频编辑工作中常见的一些专业术语。

首先，需明确视频编辑工作可大致分为前期策划、中期拍摄和后期制作 3 个阶段，具体如表 1-1 所示。

表 1-1

工作阶段	工作内容概述	核心技能要求
前期策划	影视工作的基础 确定题材定位，策划内容，设计脚本 团队工种沟通，拍摄准备工作	偏重策划能力及整合资源的能力
中期拍摄	依托脚本进行拍摄 拍摄场景、手法、光线、机位等调控	考虑周全，具备很强的沟通能力
后期制作	作品的剪接、音效、技术合成 剪辑要有思想，有目的性的连结故事	具备导演思维

5. 视频名词术语

下面介绍一些常见的视频名词术语。

● 时长：指视频的时间长度，基本单位是秒，在视频编辑软件中常见的表现形式为 00:00:00:00（时:分:秒:帧）。

● 帧：是视频的基础单位，可以理解为 1 张静态图片就是 1 帧。

● 关键帧：指的是素材中的特定帧，通过设置属性关键帧，可控制完成动画的流、回放或其他特性。

● 帧速率：即每秒播放帧的数量，单位是帧 / 秒，单位为 f/s。帧速率越高，视频越流畅。

● 画面尺寸：即实际显示画面的宽和高。

● 画面比例：视频画面实际显示宽和高的比值，即通常所说的 16:9、4:3 等。

● 画面深度：指的是色彩深度，对普通的 RGB 视频来说，8bit 是常见的画面深度。

● 声道：包含单声道、立体声、2 声道和多声道等。

● 声音深度：和画面深度类似，有 16bit、24bit 等。

● 素材：影片的一小段或一部分，可以是音频、视频、静态图像或字幕。

● 转场：两个编辑点之间的视觉或听觉效果，比如视频叠化或音频的交叉淡化。

● 还原：允许用户取消上次所做的调整或修改。

● 变速：在单个片段中，前进或倒转运动时动态改变速度。

● 合成：将两个或两个以上图像组合成单个帧的过程。

● 渲染：是将项目中的源文件生成最终视频作品的过程。

● 场景：也可以称为镜头，是拍摄过程中的片段，是视频制作过程中的基本元素。

● 字幕：是指以文字形式显示视频中的对话等非影像内容，也泛指视频作品后期加工的文字。

- 剪辑：对原始素材进行修剪。
- 特效：对视频添加的各种变形和动作效果。
- 素材库：媒体素材的储存位置。

1.3.2 短视频剪辑的基本流程

对于喜欢拍摄日常生活的朋友们来说，剪辑是一项化腐朽为神奇的重要操作，无论视频拍摄的是哪种场景或题材，经过后期剪辑都能变成艳惊四座的"大片"。下面为大家简单地梳理一下视频剪辑的一般流程，不管是对于新手，还是对于专业的剪辑师来说，剪辑的流程大体可参照以下环节进行。

1. 素材采集与整理

素材的采集和整理是剪辑过程中十分重要的一个环节，在拍摄完素材后，大家可以大致预览素材，对每条素材产生大概印象，之后可对素材进行初步的筛选和分类。

在进行素材筛选和分类时，可建立相应的素材项目文件夹，比如外出旅行游玩的视频素材，可将每天拍摄的素材放在一个单独的文件夹中，文件夹命名可按照日期、地点、项目来命名，如图1-28所示。这样在剪辑时，想到某个环节就可以快速地在文件夹中找到对应素材。

图1-28

2. 视频粗剪

粗剪核心分为三步：剪气口、上字幕、加配乐。经过这步操作，一个原始素材就能被粗略剪成能发布的作品。

3. 视频精剪

精剪是在粗剪的基础上，对素材的细节部分进行打磨。一般精剪阶段的操作包括了对画面进行修剪组接、对音乐进行组接、添加音效等。建议大家不要在粗剪的草稿上直接调整，可以建立一个新的精剪草稿，这样方便在两个草稿上来回比较，反复对比和衡量画面，以获得更好的视频画面表现效果。

4. 输出成片

完成上述工作后，确认剪辑的素材没有问题，即可输出母版视频。需要注意的是，输出时要留意视频的格式、编码和像素等问题，如果有问题再返回进行修改。

上述即短视频剪辑的一般流程，如果涉及更高规格的短视频，后期可能还要进行特效添加、三维动画制作、调色等包装操作。

CHAPTER TWO

▶ 第2章 | 素材采集与整理

这章我们正式开始来学习粗剪的第一步，采集与整理素材和智能剪气口，包含录制的视频如何导入剪辑，画面可以如何调整、素材如何高效管理等。

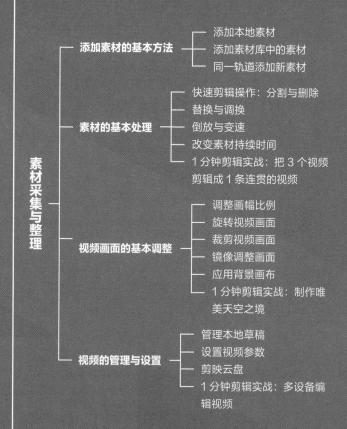

素材采集与整理

添加素材的基本方法
— 添加本地素材
— 添加素材库中的素材
— 同一轨道添加新素材

素材的基本处理
— 快速剪辑操作：分割与删除
— 替换与调换
— 倒放与变速
— 改变素材持续时间
— 1分钟剪辑实战：把3个视频剪辑成1条连贯的视频

视频画面的基本调整
— 调整画幅比例
— 旋转视频画面
— 裁剪视频画面
— 镜像调整画面
— 应用背景画布
— 1分钟剪辑实战：制作唯美天空之境

视频的管理与设置
— 管理本地草稿
— 设置视频参数
— 剪映云盘
— 1分钟剪辑实战：多设备编辑视频

2.1 添加素材的基本方法

素材的添加是视频编辑环节的基本操作，就是把拍摄的视频导入到软件里。

2.1.1 添加本地素材

打开剪映 App，在主界面点击"开始创作"按钮，如图 2-1 所示。进入素材选择界面，用户可以在素材选择界面中"最近项目"选项中选择一个或多个视频或图像素材，完成选择后，点击底部的"添加"按钮，如图 2-2 所示。进入视频编辑界面后，可以看到刚刚所选的素材已按顺序分布在同一条轨道上，如图 2-3 所示。

　　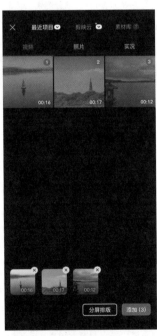　　

　　　图2-1　　　　　　　　　　　图2-2　　　　　　　　　　　图2-3

2.1.2 添加素材库中的素材

剪映为所有创作者提供了素材库，其中包含了大量的优质素材，可以直接使用。

打开剪映 App，在主界面点击"开始创作"按钮，打开素材选择界面，用户可以在素材选择界面中"素材库"选项中选择合适的素材，完成选择后，点击底部的"添加"按钮，如图 2-4 所示。进入视频编辑界面后，用户可以看到刚刚所选的素材已被添加在同一轨道上，如图 2-5 所示。

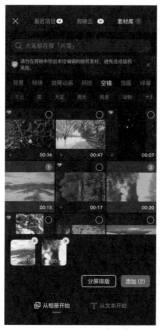

图2-4

图2-5

2.1.3 同一轨道添加新素材

　　用户不仅可以在主界面中点击"开始创作"按钮后，创建新草稿时添加素材，也可以在剪辑过程中根据需求在同一轨道上添加新素材。

　　打开剪映 App，点击位于轨道右边的"添加"按钮 ⊞，如图 2-6 所示。即可进入素材选择界面，选择合适的素材并点击底部的"添加"按钮，如图 2-7 所示。

　　进入视频编辑界面，用户可以看到刚刚所选的素材已经被添加至同一轨道上，如图 2-8 所示。

图2-6

图2-7

图2-8

2.2 素材的基本处理

素材的基本处理主要是指对素材进行调用、分割和组合等操作，是视频剪辑过程中至关重要的环节。在剪映 App 中，用户可以编辑添加的素材，并根据自身构思自如地组合、剪辑素材，使最终呈现的短视频能满足需求。

2.2.1 快速剪辑操作：分割与删除

1. 分割素材

所谓分割素材，就是我们常说的"剪"这个动作，把不要或多余的素材片段中间剪一刀（点击"分割"按钮），然后删除（点击"删除"按钮），这样就可以完成某一个素材片段的剪辑。

打开剪映 App，添加一段视频素材至时间轴区域中，选中已添加的视频素材，点击二级工具栏中的"分割"按钮Ⅱ，如图 2-9 所示，即可在时间线所处位置进行分割处理，如图 2-10 所示。

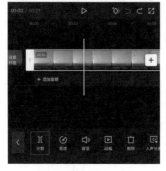

图2-9　　　　　　　　图2-10

2. 删除素材

删除素材的操作也非常简单，只需要选中时间轴区域内想要删除的素材（或效果），点击二级工具栏中的"删除"按钮，如图 2-11 所示。即可删除选中的素材（或效果），如图 2-12 所示。

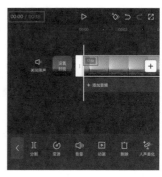

图2-11　　　　　　　　　　　图2-12

2.2.2 替换与调换

如果在剪辑过程中，对某段素材不满意，用户可以选中需要进行替换的素材片段，在底部工具栏中点击"替换"按钮，如图 2-13 所示。接着进入素材选取界面，选择替换的素材，如图 2-14 所示，即可完成素材片段的替换，如图 2-15 所示。

图2-13　　　　　　　　　图2-14　　　　　　　　　图2-15

如果在剪辑过程中，需要对素材片段的顺序进行调换，用户只需长按选中的素材，然后前后移动素材位置（见图 2-16），即可自由调整素材的顺序，调整后如图 2-17 所示。

如果想重复利用某段素材，用户可以通过下方工具栏中的"复制"按钮，该段素材即可再一次被添加在同一轨道区。

图2-16　　　　　　　　　　图2-17

2.2.3 倒放与变速

1. 视频倒放

这也是比较常用的剪辑技巧，如果你拍摄了一段日出素材，那这段素材还可以作为日落素材使用，对画面进行倒放即可。下面将通过制作流水倒流效果来讲解"倒放"功能的使用方法。在剪映 App 中导入一段小溪的视频素材，进入视频编辑界面后，点击底部功能工具栏中的"剪辑"按钮，如图 2-18 所示。在界面下方的工具栏中，向左滑动，找到并点击"倒放"按钮，如图 2-19 所示。执行操作后，在视频编辑界面点击"播放"按钮▶预览素材效果，即可看到视频以倒放的形式进行播放。

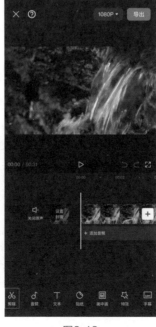

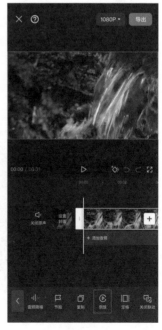

图2-18　　　　　　　　　　图2-19

2. 视频变速

如果觉得视频中的语速或动作过快或过慢，都可以通过剪映 App 的变速功能进行加速和减速。在时间轴区域选中需要进行变速处理的视频素材片段，点击底部工具栏中的"变速"按钮，如图 2-20 所示。此时可以看到底部工具栏中有两个变速选项，如图 2-21 所示。

 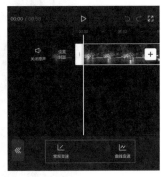

图2-20　　　　　　　　　　　　图2-21

（1）常规变速

点击"常规变速"按钮，可打开对应的变速选项栏，如图 2-22 所示。一般情况下，视频素材的原始倍速为 1x，拖动变速按钮可以调整视频的播放速度。当数值大于 1x 时，视频的播放速度将变快；当数值小于 1x 时，视频的播放速度将变慢。

当用户拖动变速按钮时，上方会显示当前视频倍速，并且视频素材的左上角也会显示倍速，如图 2-23 所示。完成变速调整后，点击右下角的"保存"按钮即可保存视频。

需要注意的是，当用户对素材进行常规变速操作时，素材的长度也会发生相应地变化。简单来说，就是当倍速数值增加时，视频的播放速度会变快，素材的持续时间会变短；当倍速数值减小时，视频的播放速度会变慢，素材的持续时间会变长。

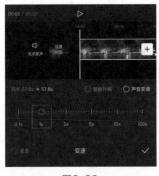 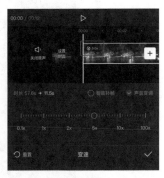

图2-22　　　　　　　　　　　　图2-23

如何通过变速，让用户有电影级观看体验？

我们日常在电影院看电影是每秒 24 帧规格，而我们用手机拍的视频，要么是 30 帧、要么是 60 帧。高帧率观看会很丝滑，但没有电影院那种观影的感觉，不够唯美。

我们可以通过变速，将拍摄的 30 帧素材，变速至 0.8 倍，即达到 24 帧；将拍摄的 60 帧素材，变速至 0.4 倍，即达到 24 帧，从而产生完全不同的观感，大家一定要试试。

（2）曲线变速

剪映中的曲线变速功能，可实现有针对性地对一段视频中的不同部分进行加速或者减速处理，而加速、减速的幅度可以自由控制。

在变速选项栏中点击"曲线变速"按钮█，可以看到"曲线变速"选项栏中罗列了不同的变速曲线选项，包括原始、自定、蒙太奇、英雄时刻、子弹时间、跳接等，如图 2-24 所示。

在"曲线变速"选项栏中，点击除"原始"选项的任意一个变速曲线选项，可以实时预览曲线变速效果。下面以"蒙太奇"选项举例说明。

首次点击该选项按钮，将在预览区域中自动展示变速效果，此时可以看到"蒙太奇"选项按钮变为红色状态，如图 2-25 所示。再次点击该选项按钮，可以进入曲线编辑面板，如图 2-26 所示，在这里可以看到曲线的起伏状态，左上角显示了应用该变速曲线后素材的时长变化。

此外，用户可以对变速曲线中的各个锚点进行拖动调整，以满足不同的播放速度要求。

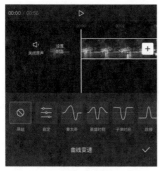
图2-24

图2-25

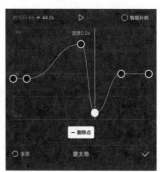
图2-26

2.2.4 改变素材持续时间

如果用户需要改变素材持续时间，只需要拖动素材片段左右两端的滑块，如图 2-27 所示。例如，向右滑动右端滑块即可延长素材持续时间，如图 2-28 所示。

选中某素材片段后，在该素材片段的左上角会显示其持续时长，便于用户查看素材持续时长，从而调整素材持续时长，如图 2-29 所示。

▶ 提示

> 对于视频素材和音频素材而言，只能在其原始时长范围内调整时间的长短。换言之，一段 20s 的视频或音频素材可以通过这种方法缩短为 10s、15s，但不能延长变为 25s，除非变慢速；而对于图片、贴纸、特效等素材而言，可以通过拖动左右滑块调整为任意时长。

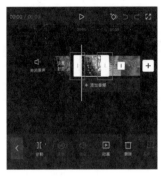 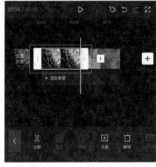 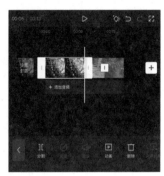

图2-27　　　　　　　　　图2-28　　　　　　　　　图2-29

创作技法

如何高效剪辑口播视频？

① 将素材拖到剪映 App 中，先进行「字幕识别」。

② 看整个轨道哪些地方被识别出了字幕，有字幕的位置是有人声的位置，没字幕的位置是停顿无效片段，可以直接删除。

③ 从后往前剪。因为我们在录制口播时，有时同一句话会反复说很多次，直接从最后往前剪，可以始终保留每句话的最终版本。

2.2.5　1分钟剪辑实战：把3个视频剪辑成1条连贯的视频

实战目的：学习使用剪映 App 中的"添加素材""分割""删除"功能来制作视频，扫码观看详细的制作方法，1 分钟看完就会。

视频二维码

2.3　视频画面的基本调整

如果只是对素材进行简单的处理，那么最终制作出来的素材往往会显得单调。引人注目的视频通常具有优美的构图、丰富的画面，本节我们将通过对视频画面进行一些基本调整来实现不同于一般视频的画面效果。

2.3.1　调整画幅比例

剪映为用户提供了多种画幅比例，用户可以根据自身的视觉习惯和画面内容进行选择。在未选中任何素材的状态下，点击底部工具栏中的"比例"按钮■，如图 2-30 所示，打开比例选项栏，在这里用户可以看到多个比例选项，如图 2-31 所示。

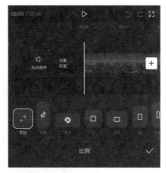

图2-30　　　　　　　　　　　图2-31

在比例选项栏中点击任意一个比例选项，即可在预览区域中看到相应的画面效果，如果没有特殊的视频制作要求，建议大家选择 9:16 或 16:9 这两种比例，如图 2-32 和图 2-33 所示，因为这两种比例是最常见的视频比例。

图2-32　　　　　　　　　　　图2-33

> **创作技法**
>
> **如何正确选择横屏或竖屏尺寸，提升视频清晰度？**
>
> 从清晰度角度来说，首推横屏。较之竖屏，横屏上传后会更清晰。
>
> 因为竖屏是 9:16 的比例，而现在大多全面屏手机已经变成了 2:1 的屏幕，所以，将 9:16 的视频上传到 2:1 的手机屏幕上，会被自动拉伸以贴合屏幕，清晰度会下降。而横屏是 16:9 的比例，画面居中，不会被拉伸，能保留最原始的清晰度，而且横屏也非常适合电视屏幕，可以投到电视上观看。

2.3.2 旋转视频画面

在剪映 App 中手动调整视频画面很方便，用户可以对画面进行旋转（多用于横屏转竖屏），具体操作如下。

在时间轴区域选中想要进行旋转的素材，点击二级工具栏中的"编辑"按钮 Aa，如图 2-34 所示。展开编辑选项栏，点击编辑选项栏中的"旋转"按钮，即可旋转视频画面，每点击一次"旋转"按钮，画面就会旋转 90°，如图 2-35 所示。

 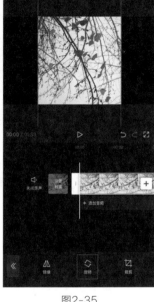

图2-34　　　　　　　　图2-35

2.3.3 裁剪视频画面

在查看素材时，有时会发现画面构图不理想，特别是一些固定机位拍摄的画面。此时可以在剪映中裁剪素材画面，进行二次构图。

在时间轴区域内选中想要进行裁剪的素材，点击二级工具栏中的"编辑"按钮 Aa，如图 2-36 所示。展开编辑选项栏，点击编辑选项栏中的"裁剪"按钮，如图 2-37 所示，打开剪裁界面即可剪裁视频画面。

在裁剪界面中，预览区域会出现九宫格辅助线，来辅助用户进行裁剪，如图 2-38 所示。同时，在裁剪界面中为用户提供了多种预设，用户可以根据自身创作需求选择合适的裁剪比例，也可以选择自由模式，任意裁剪画面，如图 2-39 所示。

图2-36

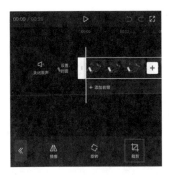
图2-37

图2-38

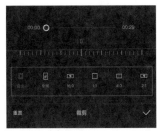
图2-39

2.3.4　镜像调整画面

使用剪映的"镜像"功能可以对视频画面进行水平镜像翻转操作，从而制作出空间倒置的画面效果。

在时间轴区域选中想要进行镜像处理的素材，点击二级工具栏中的"编辑"按钮，如图 2-40 所示。在展开的编辑选项栏中点击"镜像"按钮，如图 2-41 所示。

图2-40

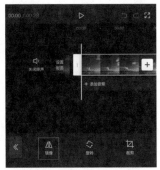
图2-41

点击"镜像"按钮后即可看到预览界面中的素材画面已经经过了镜像处理，前后对比如图 2-42 和图 2-43 所示。

图2-42

图2-43

2.3.5　应用背景画布

在剪映中，用户不仅可以为素材设置纯色画布，还可以应用画布样式营造个性化视频效果。应用画布样式的方法很简单，在未选中素材的状态下，点击底部工具栏中的"背景"

按钮🖼，如图 2-44 所示。在打开的背景选项栏中点击"画布样式"按钮🖌，如图 2-45 所示。在打开的画布样式选项栏中，点击任意一种样式，即可应用背景画布，如图 2-46 所示。

图2-44

图2-45

图2-46

应用画布模糊的方法与应用背景画布相同，在未选中素材的状态下，点击底部工具栏中的"背景"按钮🖼，在打开的背景选项栏中点击"画布模糊"按钮◌，如图 2-47 所示。即可选择合适的画布模糊效果，如图 2-48 所示。

▶提示

若用户不需要应用画布样式效果，在画布样式选项栏中点击左侧的按钮🚫即可。

图2-47

图2-48

2.3.6 1分钟剪辑实战：制作唯美天空之境

实战目的：学习使用剪映 App 中的"比例""旋转""镜像"功能来制作唯美的天空之境，扫码观看详细的制作方法。

视频二维码

2.4 视频的管理与设置

视频的管理与视频参数的设置是视频剪辑中很重要的部分，在本节中我们将介绍如何管理视频和设置视频参数。

2.4.1 管理本地草稿

在剪映 App 中，在用户点击"开始创作"按钮并导入素材后，剪映 App 就会自动生成一个剪辑草稿。当用户退出编辑界面后，可以在剪映 App 的主界面里查看剪辑草稿，如图 2-49 所示。点击"本地草稿"名称右边的按钮 ，即可展开操作选项栏，如图 2-50 所示。

在展开的操作选项栏中可以对本地草稿进行上传（至云端）、重命名、复制草稿、剪映快传（面对面快传）和删除操作。

图2-49

图2-50

2.4.2 设置视频参数

用户在剪辑草稿中导入素材后，要想构建一个完整视频，就需要掌握设置素材参数的基本操作。

在剪映 App 中点击"开始创作"按钮，导入一段素材后，进入编辑界面，点击位于屏幕右上角的"1080P"选项，如图 2-51 所示。即可展开视频参数设置界面，如图 2-52 所示。

在视频参数设置界面中可以设置视频分辨率、帧率、码率和决定是否开启智能 HDR 功能，也可以设置将编辑好的草稿导出为 GIF 动态图片文件。

图2-51 图2-52

提示

　　常见的视频分辨率有480P、720P、1080P、2K和4K，480P的视频最模糊，4K的视频最清晰。常见的帧率则有24帧、25帧、30帧、60帧，帧率越高，视频越流畅。码率是指视频文件在单位时间内使用的数据流量，也叫码流率。码率越大，说明单位时间内取样率越大，数据流精度就越高，这样表现出来的的效果就是：视频画面更清晰，画质更高。HDR，简单来说就是一种提高影像亮度和对比度的处理技术，它可以将每个亮部的细节变亮，暗的地方更暗，细节色彩更丰富，让视频画面都能呈现出极佳的效果。

创作技法

如何使发布的视频更清晰？怎么设置视频参数？

　　当视频剪辑完毕，导出的时候，选 1080P 和 60 帧即可，不要选 4K（4K 也会被抖音压成 1080p），也不要选 30 帧（60 帧比 30 帧更流畅），手机上传和计算机上传没有区别，效果一样。

　　因为抖音没有 4K 的分辨率观看选项，但小红书和 Bilibili（简称 B 站）可以切换 4K 观看，如果做小红书或 B 站账号，可以用 4K 拍摄、4K 发布。

2.4.3　剪映云盘

　　在用剪映 App 编辑视频时，系统会自动将剪辑好的视频保存至草稿箱，可是草稿箱中的内容一旦删除就找不到了，为了避免这种情况，用户可以将重要的视频发布到云空间，这样不仅可以将视频备份储存，还可以实现多设备同步编辑。

　　启动剪映专业版软件，登录抖音账号，在草稿区域中将鼠标移至需要进行备份的视频缩略图上，单击缩略图右下角的小三角按钮▼，如图 2-53 所示。即可展开操作选项栏，如图 2-54 所示。

　　　　　　图2-53　　　　　　　　　　　　　　　　　　图2-54

　　点击操作选项栏中的"上传"选项，即可打开上传对话框，选择上传位置，如图 2-55 所示。上传后即可在剪映云盘中查看已经上传的剪辑草稿，如图 2-56 所示。

　　　　　　图2-55　　　　　　　　　　　　　　　　　　图2-56

> **创作技法**
>
> ### 如何轻量化管理大量视频素材？
>
> 　　有两种方法：一种是购买剪映云盘会员，一年 300 元左右，1000 个 GB，平时内容都可以存在云盘里。但费用偏高，且内存不大。如果需要多人员协同剪辑，可以采取这种方案。
>
> 　　一般推荐用第二种方法，即外接移动硬盘（比较推荐三星 T7），体积很小但传输速度很快，我所有的视频都存在这两块移动硬盘里，外拍携带也方便。需要用的时候连上计算机，即可随意拖曳到轨道上。

2.4.4　1分钟剪辑实战：多设备编辑视频

　　实战目的：学习使用剪映云盘，利用手机和计算机剪辑同一条视频，扫码观看详细的制作方法，1 分钟看完就会。

视频二维码

第3章 制作短视频字幕

在影视作品中，字幕就是将语音内容以文字的方式显示在画面中。对于观众来说，观看视频的行为是一个被动接受信息的过程，多数时候观众很难集中注意力，此时就需要用到字幕来帮助观众更好地理解和接受视频内容。

除了提供信息说明，字幕也是很重要的排版元素，通过设置不同的字体、字号、动画效果、可以让视频画面更加丰富、更加高级。

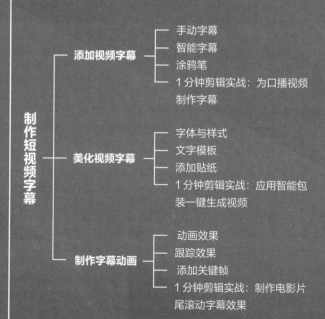

制作短视频字幕

添加视频字幕
- 手动字幕
- 智能字幕
- 涂鸦笔
- 1分钟剪辑实战：为口播视频制作字幕

美化视频字幕
- 字体与样式
- 文字模板
- 添加贴纸
- 1分钟剪辑实战：应用智能包装一键生成视频

制作字幕动画
- 动画效果
- 跟踪效果
- 添加关键帧
- 1分钟剪辑实战：制作电影片尾滚动字幕效果

3.1 添加视频字幕

在剪映里，用户既可以手动添加字幕，也可以使用剪映的内置功能将视频的语音自动转化为字幕。

3.1.1 手动字幕

在剪映中创建剪辑草稿后，在未选中素材的状态下，点击底部工具栏中的"文本"按钮**T**，如图 3-1 所示。进入文本二级工具栏，点击"新建文本"按钮**A+**，如图 3-2 所示。

图3-1

图3-2

此时，界面底部将弹出键盘，用户可以根据实际需求输入文字，如图 3-3 所示。完成操作后点击"保存"按钮**☑**，即可在时间轴区域生成一段可以调整时长的文字素材，如图 3-4 所示。

图3-3

图3-4

3.1.2 智能字幕

剪映内置的"识别字幕"和"识别歌词"功能，可以对视频中的语言进行智能识别，然后自动转化为字幕。通过这两个功能，用户可以轻松且快速地完成添加字幕的任务，从而大大节省工作时间。

1. 识别字幕

创建剪辑草稿后，在未选中素材的状态下，点击底部工具栏中的"文本"按钮 T，如图3-5所示。进入文本二级工具栏，点击"识别字幕"按钮 ，如图3-6所示。

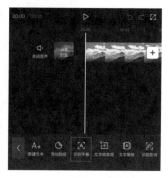

图3-5   图3-6

展开识别字幕选项栏，点击"开始识别"按钮，如图3-7所示。等待片刻，识别完成后，将在时间轴区域自动生成文字素材，如图3-8所示。

▶ 提示

当要生成字幕的视频素材中包含多段语音，"识别字幕"功能将生成多段字幕素材。若用户想要调整所有片段的字幕样式，调整其中一段的字幕样式后剪映将自动调整所有片段，无需再对剩余每一段进行调整。

图3-7   图3-8

2. 识别歌词

在剪辑项目中添加歌曲作为背景音乐后，通过"识别歌词"功能，用户可以对背景音乐的歌词进行自动识别，并生成对应字幕，这对于一些想要制作音乐 MV 短片、卡拉 OK 视频效果的创作者来说，是一项非常省时省力的功能。

在剪辑草稿中添加素材后，在未选中素材的状态下，点击底部工具栏中的"文本"按钮■，如图 3-9 所示。进入二级工具栏后，点击其中的"识别歌词"按钮■，如图 3-10 所示。

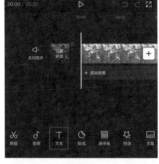

图3-9

图3-10

在底部浮窗中点击"开始匹配"按钮，如图 3-11 所示。等待片刻，识别完成后，将在时间轴区域自动生成多段文字素材，并且生成的文字素材将自动匹配相应的时间点，如图 3-12 所示。

图3-11

图3-12

3.1.3 涂鸦笔

在剪映草稿中添加一段素材后，在不选中任何素材的情况下，点击"文本"按钮■，如图 3-13 所示。进入文本二级工具栏后，点击"涂鸦笔"按钮，如图 3-14 所示。

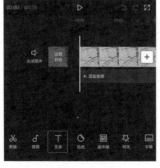

图3-13

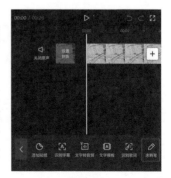

图3-14

在展开的涂鸦笔选项栏中选择各种笔刷，调整笔刷粗细、不透明度和颜色，并在预览界面中随意涂鸦，如图 3-15 所示。在保存涂鸦笔效果后，将在时间轴区域内生成一段可以调整时长的字幕素材，如图 3-16 所示。

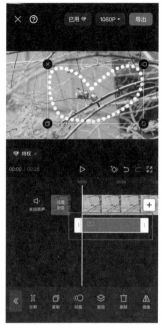

图3-15　　　　　　　　　图3-16

3.1.4　1分钟剪辑实战：为口播视频制作字幕

实战目的：学习使用剪映 App 中的手动添加字幕"识别字幕"功能来制作视频的字幕。扫码观看详细的制作方法，1 分钟看完就会。

视 频 二 维 码

3.2　美化视频字幕

当我们为视频添加完字幕之后，接下来就需要对字幕的字体、颜色、描边和阴影等样式效果进行设置，以达到更好的视觉效果。

3.2.1　字体与样式

1. 字体

在剪映中创建字幕后，用户可以在字幕选项栏中点击"样式"，切换至字幕样式选项栏，再点击"字体"选项，在字体分类下可以看到各种字体，如图 3-17 所示。用户在选择合适的字体后，可以在预览界面中看到选择的字体效果，如图 3-18 所示。

图3-17　　　　　　　　　　　图3-18

2. 样式

设置字幕样式的方法有两种：第一种方法是在创建字幕时，点击文本二级工具栏下方的"样式"选项，从而切换至字幕样式选项栏，如图 3-19 所示。

第二种方法，若用户在剪辑草稿中已经创建了字幕，需要对文字的样式进行设置，则可以在时间轴区域中选中文字素材，如图 3-20 所示，然后点击底部工具栏中的"编辑"按钮 Aa，从而打开字幕样式选项栏，如图 3-21 所示。

打开字幕样式选项栏后，用户可以在其中设置文字的字体、颜色、描边、背景、阴影等属性，让字幕展现不一样的字幕效果。

图3-19　　　　　　　　　　图3-20　　　　　　　　　　图3-21

创作技法

如何设置字幕参数，让字体更有高级感？

第一：字号不要太大。

横屏一般 6-7 号，竖屏一般 11-12 号。

第二，字体不要太花。

做字幕的字体不要选艺术字体，能让观众看清最重要，尽量不要加描边。

第三，一定要加阴影，让字幕跳脱背景。

阴影的不透明度一般拉到 60%，其他参数不变。

3. 花字效果

剪映中内置了很多花字模板，可以帮助用户一键制作出各种精彩的艺术字效果，其应用方法也很简单。

在剪辑草稿中导入视频素材后，点击底部工具栏中的"文本"按钮 T，如图 3-22 所示。进入文本二级工具栏后，点击其中的"新建文本"按钮 A+，如图 3-23 所示。

图3-22　　　　　　图3-23

在文本框中输入符合短视频主题的文字内容，在预览区域中按住文字素材并拖曳，调整好文字的位置，如图 3-24 所示。

点击文本输入栏下方的"花字"选项，从而切换至花字选项栏，在其中选择相应的花字样式，即可快速为文字应用选好的花字效果，如图 3-25 所示。

图3-24　　　　　　图3-25

3.2.2　文字模板

剪映中还内置了很多文字模板，用户可以根据自身需求选择合适的文字模板，并更改相关参数来达到更好的视觉效果。

在剪映中创建剪辑草稿后，在未选中素材的状态下，点击底部工具栏中的"文本"按钮▇，，如图 3-26 所示。进入文本二级工具栏后，点击"文字模板"按钮▇，如图 3-27 所示。

图3-26

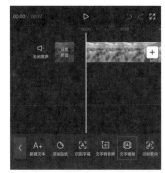

图3-27

点击"文字模板"按钮▇后，即可展开文字模板选项栏，如图 3-28 所示，其中包含新闻、带货、情绪、综艺感、旅行等不类别的文字模板，剪映还会根据时间不同提供不同的类别供用户选择。用户在选择合适的文字模板后，将在预览界面中显示文字模板的效果，如图 3-29 所示，用户只能修改文字模板中的文本和文字模板的缩放大小、位置。

图3-28

图3-29

3.2.3　添加贴纸

在剪映中的文本二级工具栏中提供了添加贴纸功能，用户可以通过添加各种贴纸来辅助提升字幕的视觉效果。

在剪映中新建剪辑草稿后，导入一段素材，在不选中任何素材的情况下，点击"文本"按钮 T ，如图 3-30 所示。进入文本二级工具栏后，点击"添加贴纸"按钮 ，如图 3-31 所示。

图3-30　　　　　　　图3-31

点击后即可进入贴纸选项栏，如图 3-32 所示，其中包含各种分类贴纸，例如热门、收藏、春节、情绪等。点击想要应用的贴纸效果，应用贴纸效果后即可在预览界面中更改贴纸的大小、旋转角度与位置，如图 3-33 所示。

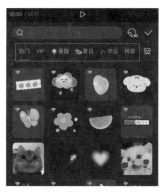

图3-32　　　　　　　图3-33

创作技法

如何运用剪映的贴纸，让其显著提升视频质感？

在我的频道 @Jack 的影像世界中，很多人以为我的画面元素是 AI 做的动画特效，而实际上我用的是剪映贴纸。我选贴纸的核心秘诀如下。

一是主动搜索需要的贴纸。比如"虚线指引""科技效果""箭头运动"，搜出来就全是运动的贴纸，不是静态图。静态图会让视频有种粘贴的塑料感，而运动的贴纸则会让视频更高级。

二是选颜色干净、元素少的运动贴纸。视频画面颜色不要超过 3 种，贴纸颜色要匹配画面颜色，如果太跳脱就会使视频有劣质感。

大家一定要按这两个原则，去挑选贴纸试一试。

3.2.4 1分钟剪辑实战：应用智能包装一键生成视频

视 频 二 维 码

实战目的：学习使用剪映中的"编辑字幕"等功能来设计字幕，扫码观看详细的制作方法，1 分钟看完就会。

3.3 制作字幕动画

用户在完成基本字幕的创建后，可在编辑界面右侧的素材调整区域中设置合适的动画效果，这样可以让单调的字幕变得更为生动、有趣。

3.3.1 动画效果

在剪映中新建文本后，选中新增的字幕素材，并点击"动画"按钮，如图 3-34 所示。

打开动画选项栏，用户可以看到"入场""出场"和"循环"3 个选项。"入场"动画往往和"出场"动画一同使用，从而让字幕的出现和消失都更自然。选中其中一种"入场"动画后，界面下方会出现控制动画时长的滑动条，如图 3-35 所示。

图3-34

图3-35

选择一种"出场"动画后，控制动画时长的滑动条会出现红色线段。控制红色线段的长度，即可调节出场动画的时长，如图 3-36 所示。

而"循环"动画往往用在需要字幕在画面中长时间停留，且呈现动态效果的场合。在设置了"循环"动画后，界面下方的动画时长滑动条将更改为动画速度滑动条，用于调节动画效果的快慢，如图 3-37 所示。

在添加了动画效果后，字幕素材上将会以箭头形式体现动画时长，如图 3-38 所示。

图3-36　　　　　　　　　　图3-37　　　　　　　　　　图3-38

创作技法

如何在 100 多个字幕动画效果中，选择最适合自己的效果？

如果字幕只是作为屏幕下方的信息说明，则不要应用动作幅度大的动画效果，如"故障""吸入"等，会干扰观众对视频内容的吸收，更多建议采用"渐显""渐隐"的无感动画效果。

而如果字幕是用于版式，为了刻意引起观众对文字信息的重视，那需要用比较明显的动画效果，如"跃进""弹入跳动""打字机"等，能对文字信息进行强调。

3.3.2　跟踪效果

剪映中提供的跟踪功能，能够根据用户选择的物体，让字幕自动跟踪画面中的物体进行移动。

在剪映中新建字幕并设置相关参数后，选中字幕素材，点击"跟踪"按钮◎，如图 3-39 所示。在预览界面中移动黄色圆框圈选跟踪物体，选择后点击"开始跟踪"按钮，如图 3-40 所示。

图3-39　　　　　　　　　　　图3-40

完成跟踪后的效果对比如图 3-41 和图 3-42 所示。

图3-41

图3-42

▶提示

　　跟踪效果的生成是基于字幕当前所处位置生成与选择物体同样的行动轨迹来制作跟踪效果的，而不是将字幕移至选择物体位置而生成的跟踪效果。

3.3.3　添加关键帧

字幕素材也可以添加关键帧，通过关键帧来制作一些不一样的动画效果。

在剪映中新建剪辑草稿后，添加一段视频素材，并新建一段字幕，选中新建的字幕素材，点击位于预览界面右下角的"添加关键帧"按钮◈，如图 3-43 所示。移动时间线至字幕素材结尾处，点击位于预览界面右下角的"添加关键帧"按钮◈，如图 3-44 所示。

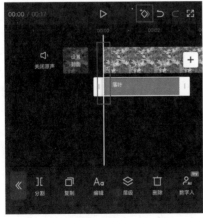
图3-43

图3-44

点击位于字幕素材结尾处的关键帧，如图 3-45 所示。在预览界面中调整字幕的位置与大小，如图 3-46 所示。

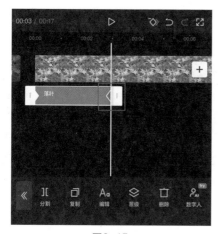

图3-45

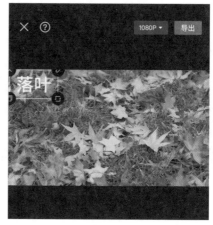

图3-46

完成上述操作后，预览视频画面效果如图 3-47 和图 3-48 所示。

图3-47

图3-48

> **创作技法**
>
> **如何 DIY 文字动画效果？**
>
> 剪映内置的文字动画效果固然很多，但如果用户找不到满意的，可以利用关键帧的动态变化来自己设计字幕的运动路线。因为动画就是一种关键帧预设，比如物体跟随，只需要跟随体移动，不断累加关键帧。关键帧数量没有上限，只要有需求，可以持续累加。

3.3.4 1分钟剪辑实战：制作电影片尾滚动字幕效果

本案例介绍的是电影片尾滚动字幕的制作方法，主要使用剪映的"关键帧"和"动画"功能，扫码观看详细的制作方法，1 分钟看完就会。

视 频 二 维 码

第4章 音频的基本编辑

　　一个完整的短视频，通常由画面和音频两部分组成。视频中的音频部分可以是视频原声（又称为同期声）、后期录制的旁白，也可以是音效或背景音乐。音频编辑也是我们粗剪的必要环节。本章我们主要讲音频基本编辑，本书第 8 章声音设计中会专门讲音频的高阶运用。

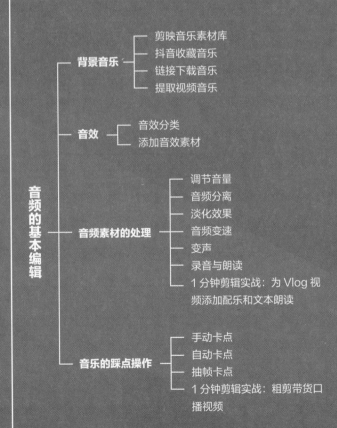

音频的基本编辑

背景音乐
- 剪映音乐素材库
- 抖音收藏音乐
- 链接下载音乐
- 提取视频音乐

音效
- 音效分类
- 添加音效素材

音频素材的处理
- 调节音量
- 音频分离
- 淡化效果
- 音频变速
- 变声
- 录音与朗读
- 1 分钟剪辑实战：为 Vlog 视频添加配乐和文本朗读

音乐的踩点操作
- 手动卡点
- 自动卡点
- 抽帧卡点
- 1 分钟剪辑实战：粗剪带货口播视频

4.1 背景音乐

在剪映 App 中，内置的音频素材库中提供了不同类型的背景音乐供用户自由地调用，并且剪映 App 中支持轨道叠加 BGM，此外，剪映 App 中的链接下载功能能够帮助用户将抖音等平台上的音乐添加至剪辑项目中。

4.1.1 剪映音乐素材库

剪映的音乐素材库中有着非常丰富的音频资源，并且这些音频还被十分细致地分类，如"舒缓""轻快""可爱""伤感"等，用户可以根据自身视频内容的基调，在相应的音频类别中快速找到合适的背景音乐。

在时间轴区域，将时间线移至需要添加背景音乐的时间点，在未选中素材的状态下，点击"添加音频"选项，或点击底部工具栏中的"音频"按钮♪，如图 4-1 所示，然后在打开的音频二级工具栏中点击"音乐"按钮♪，如图 4-2 所示。

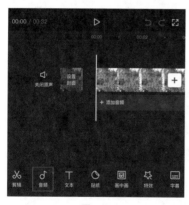
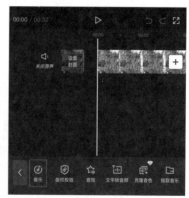

图4-1   图4-2

完成上述操作后，将进入剪映音乐素材库，如图 4-3 所示。

用户在音乐素材库中，点击任意一款音乐，即可对音乐进行试听。此外，通过点击音乐素材右侧的功能按钮，可以对该音乐素材进一步操作，如收藏、下载和使用，如图 4-4 所示。

音乐素材旁边的功能按钮说明如下。

● 收藏音乐☆：点击该按钮，可将音乐添加至音乐素材库的"收藏"列表中，方便下次使用。

● 下载音乐⤓：点击该按钮，可以下载音乐，并在下载完成后自动播放。

● 使用音乐 使用：在完成音乐的下载后，将出现该按钮，点击该按钮即可将音乐添加到剪辑草稿中。

图4-3

图4-4

4.1.2 抖音收藏音乐

作为一款与抖音直接关联的短视频剪辑软件，剪映 App 支持用户在剪辑草稿中添加抖音中的音乐。在进行该操作前，用户需要在剪映主界面中切换至"我的"界面，登录自己的抖音账号。通过这一操作，建立剪映与抖音的连接，之后用户在抖音中收藏的音乐即可直接在剪映的"抖音收藏"列表中找到并进行调用，下面介绍具体的操作方法。

打开抖音 App，在某条短视频播放界面点击界面右下角的 CD 形状的按钮，如图 4-5 所示，进入"拍同款"界面，点击"收藏原声"按钮☆，即可收藏该视频的背景音乐，如图 4-6所示。

图4-5

图4-6

再打开剪映 App，打开需要添加音乐的剪辑草稿，进入视频编辑界面，在未选中素材的状态下，将时间线定位至视频起始位置，然后点击底部工具栏中的"音频"按钮🎵，如图 4-7 所示。在打开的音频二级工具栏中点击"抖音收藏"按钮🎵，如图 4-8 所示。

进入剪映的音乐素材库，即可在界面下方的"抖音收藏"列表中找到刚刚收藏的音乐，如图 4-9 所示，点击"下载音乐"按钮⬇️，再点击"使用"按钮 使用，即可将收藏的音乐添加至剪辑草稿中，如图 4-10 所示。

图4-7	图4-8

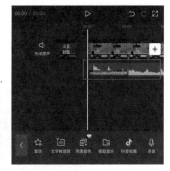

图4-9	图4-10

▶提示

如果想在剪映中将"抖音收藏"中的音乐素材删除，在抖音中取消该音乐的收藏即可。

4.1.3 链接下载音乐

如果剪映音乐素材库中的音乐素材不能满足剪辑需求，那么用户可以尝试通过视频链接提取其他视频中的音乐。

以抖音为例，用户如果想将该平台中的某条视频的背景音乐导入剪映中使用，可以在抖音的视频播放界面点击右侧的分享按钮➡️，如图 4-11 所示。再在底部弹窗中点击"复制链接"按钮🔗，如图 4-12 所示。

图4-11　　　　　　　　　　　图4-12

　　完成上述操作后，进入剪映音乐素材库，切换至"导入音乐"选项，然后在选项栏中点击"链接下载"按钮，在下方文本框中粘贴之前复制的音乐链接，再点击右侧的"下载"按钮，如图 4-13 所示，等待片刻，在解析完成后，即可点击"使用"按钮将音乐添加至剪辑项目中，如图 4-14 所示。

图4-13　　　　　　　　　　　图4-14

▶提示

　　对于想要靠视频作品变现的用户来说，在使用其他平台短视频中的音乐作为视频素材前，需与平台或短视频创作者进行协商，避免发生作品版权侵权行为。

4.1.4 提取视频音乐

　　剪映支持用户对本地相册中拍摄和存储的视频进行音乐提取操作，简单来说就是将本地视频素材中的音乐提取出来并单独应用到剪辑项目中。

　　在剪映中提取视频音乐的方法非常简单，进入音乐素材库，切换至"导入音乐"选项，然后在选项栏中点击"提取音乐"按钮，接着点击"去提取视频中的音乐"按钮，如图4-15所示。在打开的视频素材选取界面中选择带有音乐的视频，然后点击位于屏幕下方的"仅导入视频的声音"按钮，如图4-16所示。

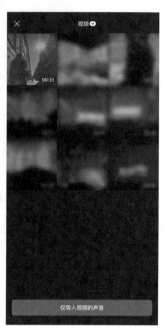

图4-15　　　　　　　　　　　　图4-16

　　完成上述操作后，视频中的背景音乐将被提取并导入音乐素材库中，如图4-17所示。如果用户要将导入素材库中的音乐素材删除，则需在界面中按住该音乐素材，向左滑动，即可出现"删除"选项，如图4-18所示。

图4-17　　　　　　　　　　　　图4-18

　　用户除了可以在音乐素材库中进行音乐的提取操作外，还可以选择在视频编辑界面中完成音乐的提取操作。在未选中素材的状态下，点击底部工具栏中的"音频"按钮♪，如图 4-19 所示，然后在打开的音频二级工具栏中点击"提取音乐"按钮▣，如图 4-20 所示，即可进行视频音乐的提取操作。

图4-19

图4-20

4.2 音效

音效是视频必不可缺的一部分，好的音效可以在视频中起到连接镜头、增强画面真实感、渲染画面氛围和刻画人物形象的作用。

4.2.1 音效分类

在使用音效前，首先要了解音效的分类。音效基本上可以分为动作音效、自然音效、背景音效、机械音效和特殊音效。

● 动作音效：人的行为、动作所产生的声音，例如走路声、打斗声。

● 自然音效：自然界中非人的行为、动作所发出的声音，例如鸟语虫鸣、风雨雷电等。

● 背景音效：统称群众杂音，例如大街上的交谈声等。

● 机械音效：因机械设备的运行所发出的声音，例如汽车、火车、电话等。

● 特殊音效：经过变形处理的非自然界音效，例如电影预告片中的音效。

剪映中也很贴心地为音效进行了分类，并且比上面的分类更加细致，便于用户进行查找，如图 4-21 所示。

图4-21

4.2.2 添加音效素材

剪映中自带的"音效库"资源非常丰富，其添加方法与添加背景音乐的方法类似。将时间轴移动至需要添加音效的时间点，在未选中素材的状态下，点击"添加音频"按钮，或点击底部工具栏中的"音频"按钮♪，如图 4-22 所示，然后在打开的音频二级工具栏中点击"音效"按钮，如图 4-23 所示。

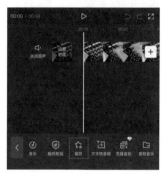

图4-22　　　　　　　　　　图4-23

打开音效选项栏，如图 4-24 所示，可以看到里面有综艺、笑声、机械、游戏等不同类别的音效。接下来的操作与添加音乐素材的操作一致。选择任意一个音效素材，点击右侧的"使用"按钮，即可将该音效添加至剪辑草稿中，添加后如图 4-25 所示。

图4-24　　　　　　　　　　图4-25

4.3　音频素材的处理

剪映为用户提供了较为完备的音频处理功能，支持用户在剪辑项目中对音频素材进行淡化、变声、变速等操作，帮助用户在音频素材上进行各种操作，从而制作出不一样的音频效果，下面详细地进行介绍。

4.3.1 调节音量

调整音量（声音大小）的方法非常简单，在时间轴区域中选中需要调整音量的音频素材，点击底部二级工具栏中的"音量"按钮🔊，如图 4-26 所示。拖曳圆形滑块即可调整音频素材的音量，如图 4-27 所示。

图4-26

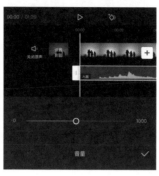

图4-27

> ▶ 提示
>
> 音频素材的原始音量为100。用户拖动圆形滑块调整音量：音量数值小于100时，声音变小；音量数值大于100时，声音变大。用户也可以点击"视频封面"左侧的"关闭原声"按钮来将视频静音。

4.3.2 音频分离

用户可以通过点击音频二级工具栏中的"音频分离"按钮▣将音频分离，如图 4-28 所示。将音频分离后选中被分离的视频原声，点击工具栏中的"删除"按钮▣，如图 4-29 所示，这种将视频原声分离再删除的方法也可以实现将视频静音的效果。

图4-28

图4-29

4.3.3 淡化效果

对于一些没有前奏和尾声的音频素材，我们可以在其前后添加淡化效果，来有效降低音乐出入场的突兀感。淡化效果可分为淡入和淡出。淡入是指背景音乐开始响起的时候，声音会缓缓变大；淡出是指背景音乐即将结束的时候，声音会渐渐变小直至消失。

在时间轴区域选中音频素材，点击底部工具栏中的"淡化"按钮■，如图 4-30 所示。在底部浮窗中滑动"淡入时长"滑块，将其数值调整为 0.6s，点击右下角的"保存"按钮☑保存操作，如图 4-31 所示。

图4-30

图4-31

4.3.4 音频变速

在进行视频编辑时，为音频进行恰到好处的变速处理，来搭配视频内容，可以很好地增加视频的趣味性。

实现音频变速的操作非常简单，在时间轴区域选中音频素材，然后点击底部工具栏中的"变速"按钮◎，如图 4-32 所示，在打开的变速选项栏中可以自由调节音频素材的播放速度，如图 4-33 所示。

图4-32

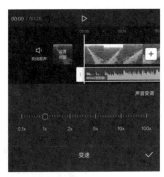

图4-33

在变速选项栏中通过左右拖动速度滑块，可以对音频素材进行减速或加速处理。速度滑块停留在 1x 数值处时，代表此时音频为正常播放速度。当用户向左拖动滑块时，音频素材将被减速，且素材的持续时长会变长；当用户向右拖动滑块时，音频素材将被加速，且素材的持续时长将变短。

用户在进行音频变速操作时，如果想对音频的声音进行变调处理，可以点击右上角的"声音变调"选项，完成操作后，视频的声音会发生改变。

创作技法

如何通过音频变速增强视频的节奏感？

对于口播视频，如果用户觉得自己语速不够快，可以在后期通过音频变速调节语速。

从用户听感来说，最佳语速是 1.0 倍（语速不调整）；其次是 1.1 倍速，声音微微加速但听不出失真感，细节丢失不多；最后是 1.2 倍速，如果口播提速，这是最大限度。超过 1.2 倍速，声音就会严重失真。

4.3.5　变声

看过搞笑视频的用户应该知道，很多短视频创作者为了提高短视频流量，会使用变声软件对短视频进行变声处理，搞怪的声音配上幽默的话语，时常能引得观众们捧腹大笑。这运用的就是"变声"效果。剪映也提供了变声功能。在时间轴区域选中视频素材，点击底部工具栏中的"声音效果"按钮📻，如图 4-34 所示。在打开的变声选项栏中，用户可以根据实际需求选择声音效果，如图 4-35 所示。

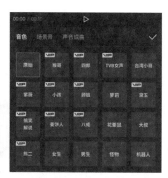

图4-34　　　　　　　　　图4-35

4.3.6　录音与朗读

剪映 App 支持用户在剪辑草稿中录制音频为视频配音，或者输入文案，由剪映自动进行文本朗读，便于用户更高效地创作短视频。

1. 声音录制

导入素材至时间轴区域内，点击底部工具栏中的"音频"按钮♪，点击音频二级工具栏中的"录音"按钮🎤，如图 4-36 所示，即可开始录制声音，如图 4-37 所示。

在录音选项栏中可以选择声音效果，进行变音效果的制作。

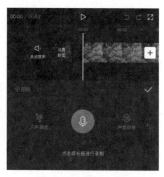

图4-36　　　　　　　　　图4-37

创作技法

如何快速剪辑录音？

如果你是做"配音＋分镜"的内容形式（不是直接面对镜头口播收录声音），那用剪映录制音频即可，但录制的时候，也会有很多说错和重复说的部分。

这个问题就在于，当我们把音频拖进轨道之后，音频不像视频一样可以自动吸附。在剪掉无效音频之后，下一段音频不会自动往前吸附。我们需要手动一条条拖曳，效率非常低。

我们可以在视频轨道放任一素材，然后同时选中视频和音频，点击鼠标右键选择"新建复合片段"，这样音视频就会合在一起。我们剪辑音频时，剪掉一段，下一段就可以像视频一样自动吸附，效率提升明显。这是我每期视频都在用的方法。

2. 文本朗读

文本朗读功能，只需要用户输入文字，剪映就会自动朗读配音。很多爆款旅行类短视频中，都在采用这种方法。

在剪映中导入一段素材，点击底部工具栏中的"文本"按钮，点击文本二级工具栏中的"新建文本"按钮，如图 4-38 所示。新建一段文本，并调整文本内容为"来九寨沟看风景啦"，调整后如图 4-39 所示。

图4-38

图4-39

选中时间轴区域内新建的文本素材，点击文本二级工具栏中的"文本朗读"按钮，如图 4-40 所示，即可展开文本朗读选项栏，在其中可以选择合适的音色，如图 4-41 所示。

图4-40

选择音色后，再点击一下所选音色，即可设置音色，如图 4-42 所示。设置好后点击"保存"按钮，即可在时间轴区域内自动生成一段配好音的音频素材，如图 4-43 所示。

图4-41

图4-42

图4-43

4.3.7 1分钟剪辑实战：为Vlog视频添加配乐和文本朗读

实战目的：学习使用剪映中的"文本朗读""音频"功能来制作 Vlog 视频，扫码观看详细的制作方法，1 分钟看完就会。

视 频 二 维 码

4.4 音乐的踩点操作

音乐卡点视频如今在各大短视频平台上都比较热门，在后期处理时，将视频画面的每一次转换与音乐节奏点相匹配，使整个视频极具节奏感。

4.4.1 手动卡点

以往在使用视频剪辑软件制作卡点音乐视频时，往往需要用户一边试听音频效果，一边手动标记节奏点，是一项既费时又费力的任务，因此制作卡点视频让很多新手创作者望而却步。剪映中的手动卡点功能，能够帮助用户在创作中实现对音乐节奏点的快速标记。

在时间轴区域添加音乐素材后，选中该音乐素材，点击底部工具栏中的"节拍"按钮，如图 4-44 所示。在打开的节拍选项栏中，将时间线移至需要进行标记的时间点处，然后点击"添加点"按钮，如图 4-45 所示。

图4-44 图4-45

完成上述操作后，即可
在时间线所在的位置添加一
个黄色的标记，如图4-46
所示，如果对添加的标记不
满意，点击"删除点"按钮
即可将标记删除，如图4-47
所示。

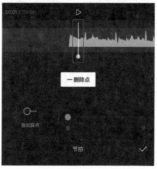 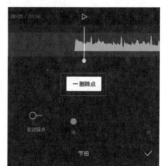

图4-46 图4-47

标记点添加完成后，点击
"保存"按钮✓即可保存操作，
如图4-48所示，此时在音频
轨道区域中可以看到刚刚添加
的标记点，如图4-49所示。
根据音频标记点所处位置可以
轻松地对视频画面进行剪辑，
完成卡点视频的制作。

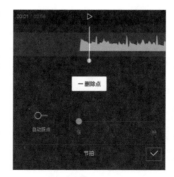 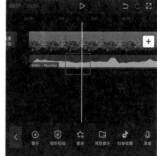

图4-48 图4-49

4.4.2 自动卡点

手动卡点对于用户的乐感要求比较高，如果用户把握不准节拍点，那么最后手动卡点的
效果就会不理想。在这种情况下，剪映推出了自动踩点功能，并根据用户自身剪辑需求，为
用户提供了由快到慢几种节拍点的选择。

在时间轴区域添加音乐素材后，选中该音乐素材，点击底部工具栏中的"节拍"按钮
◾，此时音乐素材下方会自动生成黄色的标记点，如图4-50所示。在打开的节拍选项栏中，

点击"自动踩点"按钮，将自动踩点功能打开，用户可以根据自己的需求拖曳滑块选择标记点数量，设置合适的节拍节奏，完成选择后点"保存"按钮☑保存操作，如图 4-51 所示。

图4-50　　　　　　　　　　图4-51

4.4.3　抽帧卡点

所谓抽帧，其实就是将视频中的一部分画面删除。当删除掉推镜或者拉镜视频中的一部分画面时，就会形成景物突然放大或缩小的效果。这种效果随着音乐的节拍点出现，就是抽帧卡点效果了，具体操作方法如下。

首先，在剪映中导入一段视频素材，点击底部工具栏中的"音频"按钮🎵，如图 4-52 所示，打开音频二级工具栏，点击"抖音收藏"按钮🎵，如图 4-53 所示。

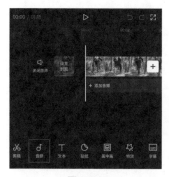

图4-52　　　　　　　　　　图4-53

在抖音收藏的音乐列表中选择一段背景音乐，点击"使用"按钮，如图 4-54 所示。在时间轴区域选中该音乐素材，点击底部工具栏中的"节拍"按钮▣，如图 4-55 所示。

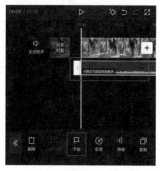

图4-54　　　　　　　　　　图4-55

在节拍选项栏中点击"自动踩点"按钮，选择合适的节拍节奏，点击右下角的"保存"按钮☑保存操作，如图 4-56 所示。移动时间线至第 3 个节拍点位置，选中视频素材，点击底部工具栏中的"分割"按钮Ⅱ，如图 4-57 所示。

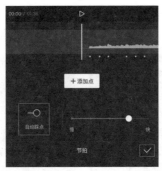

图4-56

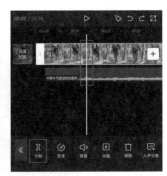

图4-57

再将时间线移至第 4 个节拍点的位置，再次点击底部工具栏中的"分割"按钮Ⅱ，如图 4-58 所示；然后选中被分割出来的第 2 段视频素材，点击底部工具栏中的"删除"按钮🗑，将其删除，如图 4-59 所示。

将中间的片段删除后，前后两段视频素材就会直接衔接，如图 4-60 所示，这样就实现了抽帧卡点效果。

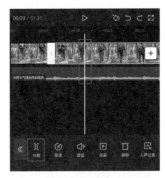

图4-58

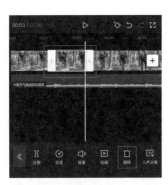

图4-59

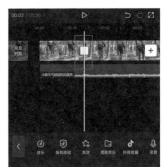

图4-60

4.4.5 1分钟剪辑实战：粗剪带货口播视频

实战目的：当我们拿到一条介绍产品的口播视频时，需要通过三步操作制作成片，分别是剪气口、上字幕、加配乐。这次实战能让大家高效剪辑带货口播的视频，扫码观看详细的制作方法。

视 频 二 维 码

高手篇

　　首先恭喜大家，完成了新手期的过渡，已经能剪出一条完整的短视频了。

　　从第5章开始，我们要进入高手篇的学习，包括：

　　● 如何进行精细化的画面设计，提升你视频的美感和质感？

　　● 如何让你的视频画面富有动感，让用户更愿意持续看下去？

　　● 如何做出不同片段的舒适转场，提升用户的观看体验？

　　● 如何设计视频的多种声音，掌控用户的观看情绪？

　　● 如何拯救粗糙的画面，通过调色让视频展现你的影像风格？

　　● 如何做特效设计，扩充视频的视觉想象力？

　　● 如何利用好抠图抠像，合成新奇的画面？

　　● 如何使用剪映专业版，提升效率？

　　● 如何使用AI剪辑，让脚本到成片实现自动化？

　　学完这9章高手篇，你将成为一名出色的短视频剪辑师。

第5章

画面设计：升级你的影像质感

　　很多时候我们拍出来的视频素材，尤其是口播，由于感光度不足，会感觉人像皮肤暗沉不够透亮；拍摄的风景或生活视频，由于布景和拍摄比较随意，会感觉不够清晰、缺乏质感，无法作为素材使用。这时我们就可以通过人像精修、提升清晰度和防抖这 3 个方面来拯救素材，提高画面质感。

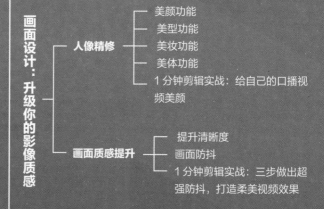

画面设计：升级你的影像质感

画面设计 ── 人像精修 ── 美颜功能
美型功能
美妆功能
美体功能
1 分钟剪辑实战：给自己的口播视频美颜

画面质感提升 ── 提升清晰度
画面防抖
1 分钟剪辑实战：三步做出超强防抖，打造柔美视频效果

5.1 人像精修

如今手机相机的像素越来越高，在拍摄人像时，脸上的瑕疵几乎无所遁形，而且布光大多不够专业，导致光线不足产生明暗脸。所以在进行后期剪辑时，经常需要对人像进行一些美颜处理，让出镜人物的皮肤状态更好。

5.1.1 美颜功能

"美颜"功能包含美颜、美型、美妆、手动精修 4 个选项，我们按顺序先讲美颜。

在剪映 App 中导入一段需要进行美颜的素材，在时间轴区域选中该素材，点击底部工具栏中的"美颜美体"按钮，如图 5-1 所示。打开美颜美体选项栏，点击"美颜"按钮，如图 5-2 所示。

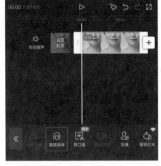
图5-1

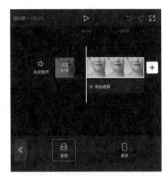
图5-2

进入默认的"美颜"选项栏后，可以看到有"磨皮""祛黑眼圈""祛法令纹""美白""白牙"等选项，如图 5-3和图 5-4 所示。点击想要使用的美颜功能选项，滑动位于该选项下方的圆形滑块即可调整所选功能的强度。

图5-3

图5-4

创作技法

如何在不失真的前提下，最大程度提升皮肤状态？「最佳美颜参数」

美颜的目的，不是把你变得完美无瑕，而是在保留原貌的同时提升你的气质，呈现更佳的皮肤状态，让用户更舒适地接收到你要表达的信息和情绪。所以我们调美颜参数的时候，并不是越高越好，过高就容易失真，变得不像本人。大多数情况，我们只需要调 3 个参数：匀肤，+20；丰盈，+20；磨皮，+15。匀肤：可以让脸上斑点颜色均匀；丰盈：可以减少皱纹；磨皮：可以弱化毛孔。正常的皮肤，只需调整这 3 个参数，即可遮瑕、提升气色，还原一个非常好的皮肤状态。

5.1.2 美型功能

默认的美颜功能，主要针对画面中人物的皮肤状态做调整，而美型功能主要针对画面中人物的面部进行调整，让脸部轮廓更完美，并根据人物的面部、眼部、鼻子、嘴巴、眉毛等部位做出细分的选项，比如提高鼻梁、增大眼睛、瘦脸等，如图 5-5 所示。这些功能千万不能过度使用，一般 10%~30% 程度即可，否则会导致脸部变型，美型过度。

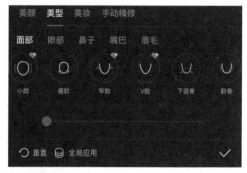

图5-5

5.1.3 美妆功能

美妆功能则是通过算法智能为画面中的人物面部添加各种妆容效果，比如裸妆、学姐妆等套妆，以及口红、腮红、卧蚕、睫毛等，如图 5-6 所示。如果画面中人物没有化妆，适当添加妆容效果，可以让状态更好。

在"美妆"选项右边还有"手动精修"选项，里面只有"手动瘦脸"一个选项，拖曳白色圆圈滑块，即可调整"瘦脸"效果的强弱。

图5-6

5.1.4 美体功能

"美体"功能可以对身体各个部位进行精细化调整，如"大长腿""瘦手臂"等。

在剪映 App 中导入一段需要进行美体的素材，在时间轴区域选中该素材，点击底部工具栏中的"美颜美体"按钮，如图 5-7 所示。打开美颜美体选项栏，点击"美体"按钮，如图 5-8 所示。

展开美体选项后，即可看到"智能美体"选项栏中的美体选项，如"瘦身""长腿""瘦腰""小头"等，如图 5-9 和图 5-10 所示。

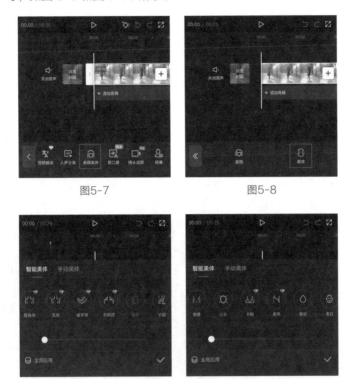

图5-7　　　　　　　　　　　　图5-8

图5-9　　　　　　　　　　　　图5-10

而"手动美体"选项栏中只有"拉长""瘦身瘦腿""放大缩小"3 个选项，在选择其中某一功能后，可以在预览界面中选择需要调整的区域，并通过拖曳白色圆圈滑块来调整"美体"效果的强弱，如图 5-11 所示。

创作技法

如何正确使用美体功能，塑造线条的同时不穿帮？

美体主要依靠对画面进行横向或纵向拉伸，如果画面元素复杂，针对腿部拉长，那与腿部齐平的其他画面元素会跟随变形，用户一眼就能看出来画面做了处理。

我们在进行人像精修的时候，最好在画面元素简单或纯色的背景下做美体拉伸，这样即便周围元素跟随变形，用户也不容易察觉。

图5-11

5.1.5 1分钟剪辑实战：给自己的口播视频美颜

实战目的：学习使用剪映中的"美颜""美型""美体"功能来精修人像。扫码观看详细的制作方法，1分钟看完就会。

视 频 二 维 码

5.2 画面质感提升

5.2.1 提升清晰度

在剪映 App 中导入素材后，选中该素材，在底部工具栏中点击"画质提升"按钮，如图 5-12 所示，即可开启"画质提升"功能。剪映App 中提供了去闪烁、视频降噪和超清画质 3 个选项，如图 5-13 所示。超清画质选项栏中又提供了高清和超清两个强度选项，用户可以根据自身需求选择使用。

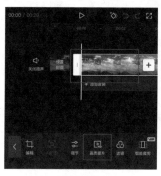

图5-12

图5-13

去闪烁、视频降噪和超清画质选项栏中都提供了多种提升画质效果的强度选项，建议强度选择不要太高，30%~50% 即可，其中去闪烁和视频降噪的选项栏如图 5-14 和图 5-15 所示。

图5-14

图5-15

当用户使用画质提升功能后，可以看到画面较使用前出现了明显的变化，前后对比如图 5-16 和图 5-17 所示。

图5-16

图5-17

创作技法

如何手动精细化提升画面清晰度？

剪映提供的"画质提升"功能固然效率高，但不是每个画面都能获得精准的画质提升。面对软件智能提升后仍有瑕疵的画面，就需要我们手动调整。手动调整方式有 2 种。

● 提升 20-30 画面锐化。在画面"调节"选项栏里，右翻可以找到"锐化"选项，往右拖曳白色滑块至最多 30，画面变得更为清晰，如图 5-18 所示。但不能超过 30，否则画面会有严重的颗粒塑料感。（不要动下方的"清晰"选项，否则会让画面显脏。）

● 设计高光 + 暗角。同样在画面"调节"选项栏里，提升高光 +20，提升暗角 +20，画面会产生明暗层次和聚焦区域。根据视觉原理，这会让用户觉得画面变得更清晰，如图 5-19 所示。（这也是拯救废片的方法，如果某段素材不能用，可以试试这种方法。）

图5-18

图5-19

5.2.2 画面防抖

拍摄素材时难免会拍摄到比较抖的素材，重新拍摄需要花费大量的时间和精力。剪映为用户提供了"防抖"功能，能帮助用户重新获得较为稳定的素材。

打开剪映 App，导入一段素材后，选中该素材，点击底部工具栏中的"防抖"按钮，如图 5-20 所示，即可进入防抖选项栏，如图 5-21 所示。

防抖功能主要是剪映对画面进行分析计算，适当裁剪画面来确保画面的稳定，所以防抖选项栏中为用户提供了"裁切最少""推荐""最稳定"3 个选项，用户可以根据自身需求选择合适的防抖效果。

图5-20

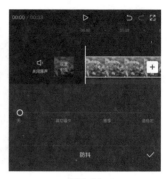
图5-21

创作技法

如何正确使用"防抖"功能，让剧烈晃动的素材变得稳定且柔美？

尽管剪映对于防抖的算法已经很不错，但单使用防抖功能会出现无法协调的问题：要么，画面求稳，但被大幅裁切；要么，画面防抖程度不够，剧烈晃动。

我们需要通过以下 3 个步骤，获得一个完美的防抖。

（1）防抖：选"推荐"选项，会在裁切和抖动之间取得平衡。

（2）变速：将需要防抖的素材调整为 0.2~0.5 倍速，放慢画面来减少抖动强度，但太慢会掉帧，画面会卡顿。

（3）智能补帧：为了生成顺滑慢动作，我们勾选"智能补帧"选项，让算法补齐丢失的帧数；选择"光流法"（见图 5-22），获得一个稳定且柔美的画面。

图5-22

5.2.3　1分钟剪辑实战：三步做出超强防抖，打造柔美视频效果

实战目的：学习使用剪映中的"防抖""变速""智能补帧"功能来制作视频。扫码观看详细的制作方法，1 分钟看完就会。

视 频 二 维 码

第6章 运动设计：让你的画面动起来

经常看短视频的人会发现，很多短视频中都会通过添加动画效果和使用关键帧制作一些特效来丰富短视频的画面元素，让画面表现更加酷炫。本章中我们将介绍如何制作动画和特效，从而制作出画面更好的短视频。

为什么画面运动这么重要？因为动起来，才能抓住观众的注意力。例如，很多美妆博主的短视频，会采取非常多画面的变化，不管是分镜、字幕动画还是关键帧变化，其幕后的剪辑轨道非常复杂。因为只有短视频富有动感，才能抓住观众，让短视频的流量变得更好。

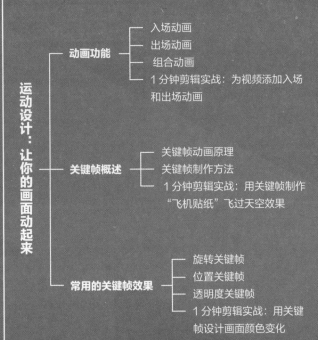

运动设计：让你的画面动起来

动画功能
— 入场动画
— 出场动画
— 组合动画
— 1分钟剪辑实战：为视频添加入场和出场动画

关键帧概述
— 关键帧动画原理
— 关键帧制作方法
— 1分钟剪辑实战：用关键帧制作"飞机贴纸"飞过天空效果

常用的关键帧效果
— 旋转关键帧
— 位置关键帧
— 透明度关键帧
— 1分钟剪辑实战：用关键帧设计画面颜色变化

6.1 动画功能

　　很多用户在使用剪映时容易将"特效""转场"与"动画"的概念混淆。虽然这三者都可以让画面看起来更具动感，但动画功能既不能像特效那样改变画面内容，也不能像转场那样衔接两个片段，它所实现的其实是所选视频出现与消失的动态效果。

6.1.1 入场动画

　　剪映中的动画效果可以分为入场动画、出场动画和组合动画。入场动画，顾名思义就是指素材开始播放时使用的动画效果，在本节中我们将详细介绍在剪映中如何添加入场动画效果。

　　选中时间轴区域内的视频素材，点击底部工具栏中的"动画"按钮▣，如图6-1所示，展开动画选项栏，如图6-2所示。

图6-1

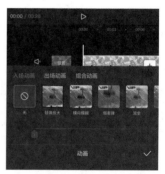

图6-2

　　点击"入场动画"选项栏中的动画效果选项，如图6-3所示，即可为视频素材添加入场动画效果。添加其中一种动画效果后如图6-4所示。

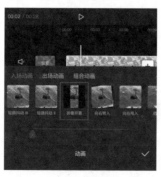

图6-3

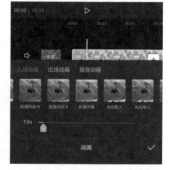

图6-4

6.1.2 出场动画

　　出场动画与入场动画相对，是指素材结束播放时的动画效果，其添加方式与添加入场动画效果的方式相同。

在动画选项栏中，点击
"出场动画"选项，如图 6-5
所示，即可查看"出场动画"
选项栏中的出场动画效果，
如图 6-6 所示。

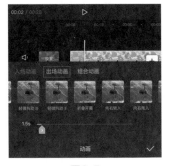
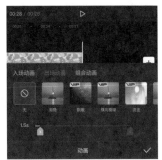

图6-5　　　　　　　　　图6-6

6.1.3 组合动画

组合动画效果与入场动画、出场动画效果都不一样，入场动画和出场动画只能分别运用在
素材的开始与结尾处，且不重
复、不连续，组合动画效果则
是连续、重复、有规律的动画
效果。

在时间轴区域内选中素
材，点击"动画"按钮 ▶，
如图 6-7 所示，即可进入动
画选项栏。点击"组合动画"
选项，即可查看组合动画效
果，如图 6-8 所示。

图6-7　　　　　　　　　图6-8

选择合适的组合动画效
果选项，如图 6-9 所示。
在动画选项栏底部可以调整
动画效果的持续时长，如
图 6-10 所示。当动画时长
较短时，画面变化节奏会显
得更快，更容易营造视觉冲
击力；当动画时长较长时，

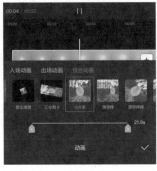

图6-9　　　　　　　　　图6-10

画面变化相对缓慢，适合营造轻松、悠然的画面氛围。

▶ 提示

在剪映 App 中设置动画时长后，具有动画效果的时间范围会在轨道上有浅浅的绿色覆盖，从
而直观地呈现出动画时长与整个视频片段时长的比例关系。

创作技法

如何选择与视频调性匹配的动画效果？

动画效果的选择跟视频的节奏密切相关，而节奏主要由背景音乐推动。所以对于节奏感较强的背景音乐，可以用动作幅度大的动画效果，如"甩入""闪现"等；但如果是温情讲述的视频，背景音乐很轻柔，那就需要匹配感知度低的动画效果，如"淡入""淡出"等。

6.1.4 1分钟剪辑实战：为视频添加入场和出场动画

视频二维码

实战目的：学习使用剪映中的"入场动画""出场动画"功能来制作视频，扫码观看详细的制作方法，1 分钟看完就会。

6.2 关键帧概述

通过为素材的运动参数添加关键帧，可产生基本的位置、缩放、旋转和不透明度等动画效果，还可以为已经添加至素材的视频效果属性添加关键帧，来营造丰富的视觉效果。

6.2.1 关键帧动画原理

关键帧动画主要是通过为素材的不同时刻设置不同的属性，使时间推进的这个过程产生变换效果。

电影作品是由一张张连续的图像组成，每一张图像代表一帧。帧是动画中最小单位的单幅影像画面，相当于电影胶片上的一格镜头，在动画软件的时间轴上，帧表现为一格或一个标记，如图 6-11 所示。

图6-11

我们常说的 60 帧就是指，每秒播放 60 张照片；24 帧就是指，每秒播放 24 张照片。因此 60 帧比 24 帧更流畅，因为播放的画面数量更多。

而"关键帧"是指动画上关键的时刻，任何动画要表现运动或变化，至少要给出前后两个不同状态的关键帧，而中间状态的变化和衔接，由剪辑软件自动创建完成，称为过渡帧或中间帧。

用户可以通过设置动作、效果、音频及多种其他属性参数，来制作出连贯、自然的动画效果。例如在视频开头处添加一个关键帧，将时间线往后移动，再次添加一个关键帧，并调整其缩放，缩放前后如图 6-12 所示，在这两个关键帧中间将出现由小变大的视频画面效果。

图6-12

6.2.2 关键帧制作方法

如果在一条时间轴轨道上打上了两个关键帧，并且在后一个关键帧处改变了显示效果，比如放大或缩小画面，移动贴纸或蒙版的位置，修改滤镜等，那么播放这两个关键帧之间的轨道时，会随着进度条，从第一个关键帧所在位置的效果，逐渐转变为第二个关键帧所在位置的效果。

通过关键帧功能，可以让一些原本不会移动的、非动态的元素在画面中动起来，还可以让一些后期增加的效果随时间渐变。下面通过运镜效果的制作，来讲解"关键帧"功能的使用方法。

在时间轴区域中选中需要进行编辑的素材，然后在预览区域中，双指背向滑动，将画面放大，如图 6-13 所示。将时间线移至视频的开始处，点击界面中的"添加关键帧"按钮，添加一个关键帧，如图 6-14 所示。

图6-13

图6-14

完成上述操作后，时间轴轨道上即会出现一个关键帧的标识，如图 6-15 所示。将时间线移至素材的结尾处，在预览区域中，双指相向滑动，将画面缩小，此时剪映会在时间线所在的位置自动生成一个关键帧，如图 6-16所示。至此，就实现了一个简单的运镜效果。

图6-15

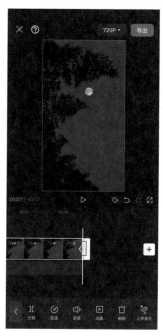

图6-16

创作技法

如何在短视频中发挥关键帧的威力？

关键帧是一种遥控画面元素的万能工具，在视频、字幕、音乐素材中都可以应用。

视频：可以做大小位置变化、颜色变化、透明度变化、元素运动。

字幕：如果字幕里没有满意的动画，也可以用关键帧做大小、透明度、颜色的变化。

音乐：可以根据视频节奏，利用关键帧做声音的渐高或渐低变化。

我的视频里几乎每期都会使用关键帧，大家可以在剪辑视频时多多尝试这种方法。

6.2.3 1分钟剪辑实战：用关键帧制作"飞机贴纸"飞过天空效果

实战目的：学习使用剪映中的"贴纸""关键帧"功能来制作视频，扫码观看详细的制作方法，1分钟看完就会。

视频二维码

6.3 常用的关键帧效果

关键帧作为一个很好用的功能，能够模拟实现各种动画效果。6.2 节中我们应用的案例就是缩放关键帧，接下来讲解其他几种常用的关键帧效果。

6.3.1 旋转关键帧

旋转关键帧效果，就是指结合关键帧功能实现素材在播放时旋转的效果。

在剪映 App 中添加素材后，将时间线移至素材开始处，点击位于预览界面右下角的"添加关键帧"按钮，如图 6-17 所示。添加关键帧后，在预览界面中旋转画面，旋转时在预览界面上方会显示当前旋转的角度，如图 6-18 所示。

图6-17

图6-18

将时间线后移至素材结尾处，如图 6-19 所示。在预览界面中旋转素材至合适角度，此时在选中的素材结尾处会自动生成一个关键帧，如图 6-20 所示。

完成上述操作后预览视频画面效果，如图 6-21 和图 6-22 所示。

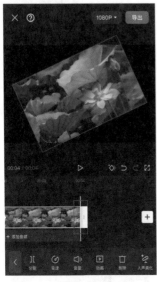

图6-19

图6-20

图6-21

图6-22

6.3.2 位置关键帧

在剪映中结合关键帧功能来调整素材位置，能够实现素材移动或进入画面、退出画面等动画效果。

打开剪映 App，选中时间轴区域内添加的素材，将时间线移至素材开始处，点击位于预览界面右下角的"添加关键帧"按钮◇，如图 6-23 所示。添加关键帧后，在预览界面中调整素材大小，调整后如图 6-24 所示。

图6-23　　　　　　　　　　　　　图6-24

将时间线后移，如图 6-25 所示。在预览界面中调整素材轨道大小，调整后可以看到素材轨道上自动添加了一个关键帧，如图 6-26 所示。

完成上述操作后，预览视频画面效果，如图 6-27 和图 6-28 所示。

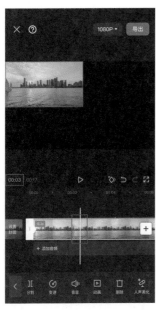 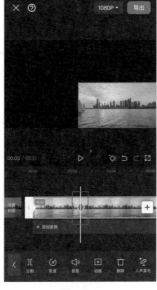 

图6-27

图6-25　　　　　　　　　　图6-26　　　　　　　　　　图6-28

6.3.3 透明度关键帧

剪映中内置的淡入淡出效果有时不甚理想，而使用透明度关键帧能够实现同样的效果，并可根据用户创作需求制作。

打开剪映 App，选中时间轴区域内添加的素材，将时间线移至素材开始处，点击位于预览界面右下角的"添加关键帧"按钮◇，如图 6-29 所示。添加关键帧后，点击"不透明度"按钮◎，如图 6-30 所示。

图6-29　　　　　　　　　　　　图6-30

展开不透明度调节栏，即可调整该关键帧处的不透明度，如图 6-31 所示。将该关键帧处的不透明度调整为 0，如图 6-32 所示。

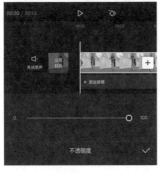 

图6-31　　　　　　　　　　　　图6-32

将时间线后移，点击"不透明度"按钮🔘，如图 6-33 所示。展开不透明度调节栏，调整不透明度为 50，此时可以看到调整后素材轨道上自动添加了一个关键帧，如图 6-34 所示。

 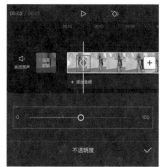

图6-33　　　　　　　　　图6-34

将时间线再次后移，点击"不透明度"按钮🔘，如图 6-35 所示。展开不透明度调节栏，调整不透明度为 100，如图 6-36 所示。

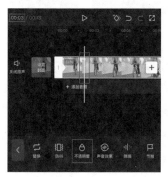 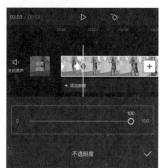

图6-35　　　　　　　　　图6-36

完成上述操作后，预览视频画面效果，如图 6-37 和图 6-38 所示。

图6-37　　　　　　　　　图6-38

6.3.4 1分钟剪辑实战：用关键帧设计画面颜色变化

实战目的：学习使用剪映中的"关键帧""颜色"功能来制作视频，扫码观看详细的制作方法，1 分钟看完就会。

视频二维码

CHAPTER SEVEN

第7章 转场设计：打造舒适无感转场

在短视频中，转场镜头非常重要，它发挥着括清段落、划分层次、连接场景、转换时空和承上启下的作用。

利用合理的转场手法和技巧，既能满足观众的视觉需求，保证其视觉的连贯性，又可以产生明确的段落变化和层次分明的效果。本章将介绍常见的转场技巧、剪映中的转场特效、添加特效的方法，以及实战制作特殊转场效果。

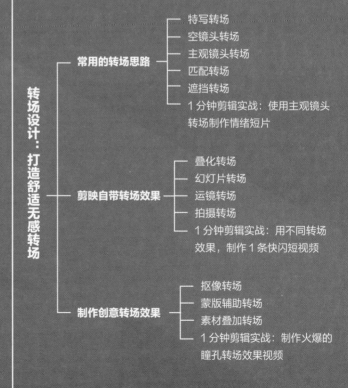

转场设计：打造舒适无感转场

常用的转场思路
- 特写转场
- 空镜头转场
- 主观镜头转场
- 匹配转场
- 遮挡转场
- 1分钟剪辑实战：使用主观镜头转场制作情绪短片

剪映自带转场效果
- 叠化转场
- 幻灯片转场
- 运镜转场
- 拍摄转场
- 1分钟剪辑实战：用不同转场效果，制作1条快闪短视频

制作创意转场效果
- 抠像转场
- 蒙版辅助转场
- 素材叠加转场
- 1分钟剪辑实战：制作火爆的瞳孔转场效果视频

7.1 常用的转场思路

我们在创作过程中，应该保持转场思维，多利用镜头画面之间的逻辑连接场景，使镜头连接、段落过渡得自然、流畅，无附加技巧痕迹。大家扫码看我这期视频，用 iPhone12 拍摄的徒步短片，里面用到了大量转场设计，先来感受一下转场的魅力。

视频二维码

在短视频创作中，比较常用的转场思路包括以下几种。

7.1.1 特写转场

使用特写镜头进行拍摄能够强调画面中细节，集中观众的注意力，因此，特写转场可以在一定程度上弱化时空或段落转换的视觉跳动。在视频编辑中，特写常常作为转场不顺的补救手段，前面段落的镜头无论以何种方式结束，下一段落的开始镜头都可以从特写开始，特写镜头如图 7-1 所示。

图7-1

7.1.2 空镜头转场

空镜头转场是指借助景物镜头作为两个大段落间隔。景物镜头大致包括以下两类。

一类是以景为主、物为陪衬的镜头，比如群山、山村全景、田野、天空等，如图 7-2 所示。用这类镜头转场既可以展示不同的地理环境、景物风貌，又能表现时间和季节的变化。

例如，在一些关于传统文化宣传的短视频中利用四季更替间农作物、环境的变化来暗示视频中段落与段落之间的转化，并且将其作为结构性元素使用，将短视频中的各个环节联系在一起。

景物镜头又是借景抒情的重要手段，它可以弥补叙述性素材本身在表达情绪上的不足，为情绪发展提供空间，同时又使高潮情绪得以缓和、平息，从而转入下一段落。

另一类是以物为主、景为陪衬的镜头，比如，飞驰而过的火车（见图 7-3）、街道上的汽车，以及室内陈设、建筑雕塑等各种静物。一般来说，常选择在这些镜头挡住画面或特写状态作为转场时机。例如，在一个旅行 Vlog 中，前一个段落是旅程即将开始，一个准备外出的女孩在收拾行李；下一个段落是她带着行李前往车站。在这两个段落之间的转场镜头可以是盖上的行李箱，也可以是打开再关上的房门等。

图7-2

图7-3

▶提示

在短视频剪辑中，经常会运用景物镜头进行转场，具体镜头的选择应与前后镜头的内容、情绪相关联，同时还要考虑与前后镜头画面匹配的问题。

7.1.3　主观镜头转场

主观镜头是指借人物视觉方向所拍的镜头，通过前后镜头间的逻辑关系来处理场面转换问题，它可用于大时空转换。比如，前一段落的结束镜头是人物抬头凝望，如图 7-4 所示，

下一段落的开始镜头可能就是所看到的场景，如图 7-5 所示，后面衔接的画面可以是完全不同的事物、人物。

图7-4

图7-5

7.1.4　匹配转场

匹配转场是利用上下镜头之间的造型和内容上的某种呼应、动作连续或者情节连贯的关系，使段落过渡顺理成章。有时，利用匹配的假象还可以制造错觉，使场面转换既流畅又有戏剧效果。

寻找匹配元素是剪辑的常用方式。比如，在一个旅行 Vlog 中，上一段落的结束镜头是主角正在手机上查看自己在海边游玩的视频，如图 7-6 所示。然后，下一段落的开始镜头就切换到海边外景，如图 7-7 所示，这就是利用情节匹配直接转换场景。

图7-6

图7-7

7.1.5 遮挡转场

所谓遮挡是指镜头被画面内某形象暂时挡住。依据遮挡方式不同，大致可分为以下两类情形。一是主体迎面而来挡黑摄像机镜头，例如女孩冲浪带起浪花，如图 7-8 所示，浪花打到摄像机镜头上，形成暂时黑画面；二是画面内前景暂时挡住画面内其他形象，例如草场上的牛向前移动，如图 7-9 所示，逐渐占据画面大部分，成为覆盖画面的唯一形象。

图7-8 图7-9

再如，在大街上的镜头，前景闪过的汽车可能会在某一片刻挡住其他形象。当画面形象被挡黑或完全遮挡时，一般也都是镜头切换点，它通常表示时间、地点的变化。主体挡黑镜头通常在视觉上能给人以较强的冲击，同时制造视觉悬念，而且，由于省略了过场戏，加快了画面的叙述节奏。这种转场的典型例子是：前一段落在甲地点的主体迎面而来挡黑镜头，下一段落主体背朝镜头而去，已到达了乙处。

创作技法

如何根据画面逻辑设计转场效果，让观看体验更丝滑？

如果两个画面有逻辑关系，比如都是同方向运动，或同一场景分镜，可以根据画面运动方向选择"向左""向右""拉近""拉远"，让转场保持连贯。

如果两个画面没有逻辑关系，硬切的话，可以采用剪映的"抽象前景"效果，如图 7-10 所示，这效果我很多期 Vlog 都在用，跟遮挡转场类似，但操作更简单，可以用来做不同场景间的无缝衔接。

图7-10

7.1.6 1分钟剪辑实战：使用主观镜头转场制作情绪短片

实战目的：学习使用剪映中的"分割""变速""转场"功能来制作视频，扫码观看详细的制作方法，1分钟看完就会。

视频二维码

7.2 剪映自带转场效果

剪映自带的转场效果非常丰富，包括渐隐、渐显、叠入、叠出、划入、划出、甩切、虚实转换等转场方式。这类转场主要是通过设计某种效果来实现的，具有明显的剪辑痕迹。在剪映中添加转场效果的操作也很简单。

在剪映中导入素材后，点击素材衔接处的白色小方块，如图 7-11 所示。即可展开转场效果选项栏，转场效果列表上方可以选择转场效果的种类，选中某一转场效果后，拖动列表下方滑块可以设置该转场效果的持续时间，参数设置结束即可点击"保存"按钮☑保存该效果，如图 7-12 所示。

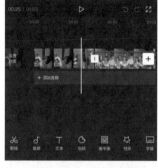
图7-11

图7-12

添加转场效果的前后对比如图 7-13 和图 7-14 所示，可以看到添加转场效果后，素材衔接处的白色小方块出现了明显的变化。

选中某一转场效果后，点击位于左下角的"全局应用"按钮▣，即可全局应用该转场效果，并提示已全局应用，如图 7-15 所示。全局应用后的时间轴区域如图 7-16 所示。

剪映还为其进行了细致的分类，例如叠化、幻灯片、运镜模糊等，下面简单介绍剪映中分类的转场特效。

图7-13

图7-14

图7-15

图7-16

7.2.1 叠化转场

叠化转场方式又称为化入、化出，是指前一镜头的结束与后一镜头的开始叠在一起，如图 7-17～图 7-19 所示，镜头由清楚到重叠模糊再到清楚，两个镜头的连接融合渐变，给观众以连贯、流畅的观感。在剪辑中，一般使用叠化转场来向观众暗示此时的镜头是梦境或是虚假抽象的。

图7-17　　　　　　　图7-18　　　　　　　图7-19

白/黑屏转场是指在画面切换时，加入白/黑屏，如图 7-20～图 7-22 所示。通过白/黑屏明确告诉观众接下来时空或场景将发生变化，给观众留出喘息的机会。

图7-20　　　　　　　图7-21　　　　　　　图7-22

在画面风格发生转换时，就常用到这种转场方法。例如，激烈的打斗之后，需要渲染主体情绪时，就会切换到较为柔和的风格。

7.2.2 幻灯片转场

"幻灯片"类别中包含了翻页、立方体、倒影、百叶窗、风车、万花筒等转场效果，这一类转场效果主要是通过一些简单的画面运动和图形变化来实现两个画面之间的切换。例如，图 7-23～图 7-25 所示为"幻灯片"类别中"向右擦除"效果的展示。

图7-23　　　　　　　图7-24　　　　　　　图7-25

7.2.3 运镜转场

"运镜"类别中包含了推近、拉远、顺时针旋转、逆时针旋转等转场效果，这一类转场效果在切换过程中，会产生回弹感和运动模糊效果。例如，图 7-26～图 7-28 所示为"运镜转场"类别中"推近"效果的展示。

图7-26   图7-27   图7-28

7.2.4 拍摄转场

"拍摄"类别中包含了眨眼、快门、拍摄器、热成像、抽象前景、旧胶片等转场效果，这一类转场效果主要是通过模拟相机拍摄和特殊成像来实现两个画面之间的切换。例如，图 7-29～图 7-31 所示为"拍摄"类别中"拍摄器"效果的展示。

 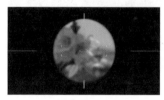 

图7-29   图7-30   图7-31

除了以上这几类转场，剪映还有很多有意思的转场效果，大家可以打开剪映 App 上手感受。

7.2.5 1分钟剪辑实战：用不同转场效果，制作1条快闪短视频

实战目的：学习综合使用剪映的各类转场效果来制作视频，扫码观看详细的制作方法，1 分钟看完就会。

视频二维码

7.3 制作创意转场效果

了解如何在剪映中添加转场效果后，用户在制作短视频时，可根据不同场景的需要，添加合适的转场效果，让视频素材之间的过渡更加自然、流畅，本节中将为读者介绍一些特殊转场效果的制作方法，帮助读者制作出更具视觉冲击力的短视频。

7.3.1 抠像转场

抠像转场主要使用的是剪映的智能抠像和定格功能，下面介绍具体的操作方法。

在时间轴区域添加两段视频素材后，将时间线移至第二段视频素材的开始处，选中第二段视频素材，点击"定格"按钮▣，如图 7-32 所示。定格后将自动生成一段定格画面素材，如图 7-33 所示。

图7-32　　　　　　　　　　图7-33

选中定格画面素材，点击"切画中画"按钮⚡，如图 7-34 所示。将其切换至画中画轨道上，如图 7-35 所示。

图7-34　　　　　　　　　　图7-35

选中画中画轨道上的定格素材，调整其时长为 0.5s 且移动该素材，使其尾端与第二段视频素材首端对齐，如图 7-36 所示。调整后，点击底部工具栏中的"抠像"按钮🔲，然后点击抠像二级工具栏中的"智能抠像"按钮，抠出人像，图 7-37 为智能抠像后的效果图。

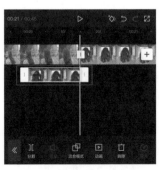

图7-36　　　　　　　　　　图7-37

选中定格素材，点击"动画"按钮▶，如图 7-38 所示。选择"入场动画"选项栏下的"向右下甩入"选项，并调整出场时长为 0.5s，如图 7-39 所示。

完成上述操作后预览视频画面效果，如图 7-40 所示。

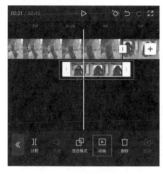

图7-38

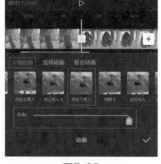

图7-39

图7-40

7.3.2　蒙版辅助转场

本节主要讲解制作蒙版转场视频的方法，将视频画面、关键帧与蒙版工具相结合，为读者展示蒙版辅助转场的视频效果。

在剪映 App 中添加两段素材后，选中第一段视频素材，点击"切画中画"按钮✕，如图 7-41 所示。将其切换至画中画轨道上，如图 7-42 所示。

图7-41

图7-42

将时间线后移，选中画中画轨道上的素材，点击"添加关键帧"按钮◈，添加一个关键帧，如图 7-43 所示。点击"蒙版"按钮◉，选择圆形蒙版，如图 7-44 所示。

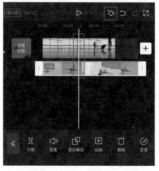

图7-43

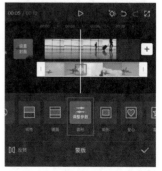

图7-44

在预览界面中调整蒙版位置，如图 7-45 所示。点击"圆形"选项，调整蒙版大小，如图 7-46 所示。

图7-45   图7-46

将时间线前移，点击"添加关键帧"按钮◇，如图 7-47 所示。再次添加关键帧后调整圆形蒙版的大小与位置，如图 7-48 所示。

调整画中画轨道上的素材时长与原始素材轨道上的素材时长保持一致，如图 7-49 所示。

完成上述操作后，预览视频画面效果，如图 7-50 所示。

  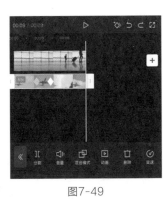

图7-49

图7-47   图7-48   图7-50

7.3.3 素材叠加转场

添加至画中画轨道上的素材因为与原始素材不在同一轨道上，没有衔接处，无法添加转场效果。在本节中，我们将使用关键帧功能来制作素材叠加转场效果。

在剪映中导入一段素材后，点击"画中画"按钮圙，如图 7-51 所示。点击"新增画中画"按钮圙，添加两段视频素材，调整这两段素材在画中画轨道上的位置，并在预览界面中调整缩放，如图 7-52 所示。

选中画中画轨道上名为"风景 2"的视频素材，点击"添加关键帧"按钮◇，如图 7-53 所示。添加关键帧后点击"不透明度"按钮◗，展开不透明度调节栏，调整该关键帧的不透明度为 0，如图 7-54 所示。

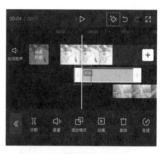

图7-53

图7-51

图7-52

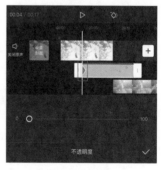

图7-54

将时间线后移，点击"添加关键帧"按钮◇，如图 7-55 所示。添加关键帧后，点击"不透明度"按钮◗，展开不透明度调节栏，调整该关键帧的不透明度为 100，如图 7-56 所示。

图7-55

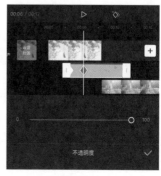

图7-56

选中名为"春天 3"的视频素材，移动时间线至名为"春天 3"的视频素材开始处，点击"添加关键帧"按钮◇，如图 7-57 所示。添加关键帧后点击"不透明度"按钮◎，展开不透明度调节栏，调整该关键帧的不透明度为 0，如图 7-58 所示。

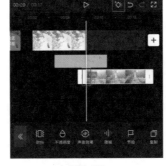 

图7-57　　　　　　　　　　图7-58

将时间线稍稍后移，点击"添加关键帧"按钮◇，如图 7-59 所示。添加关键帧后，点击"不透明度"按钮◎，展开不透明度调节栏，调整该关键帧的不透明度为 100，如图 7-60 所示。

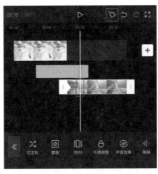 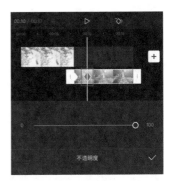

图7-59　　　　　　　　　　图7-60

最终的视频画面效果如图 7-61 所示。

图7-61

7.3.4　1分钟剪辑实战：制作火爆的瞳孔转场效果视频

实战目的：学习使用剪映中的"蒙版""关键帧""分割"功能来制作火爆的瞳孔转场效果视频，扫码观看详细的制作方法，1 分钟看完就会。

视频二维码

第8章 声音设计：声入人心的视频灵魂

人声、背景音乐、音效、环境音，这四类声音是一部电影必备的，奥斯卡有众多声音类奖项。经典作品之所以是经典，不仅仅是故事情节好，还有声音设计的精准穿透力，直达每位观众的内心深处。

短视频也一样。抖音最初就是由声音带动起来的记录生活的方式，几年过去，用户的审美要求越来越高，内容的声音设计也变得越来越多元和专业。有时候就是一个短视频的配乐选对了，流量就能大爆。如果不会运用声音的技术，内容则会失色五分。所以，让我们共同来揭秘，如何为你的短视频注入声音的灵魂。

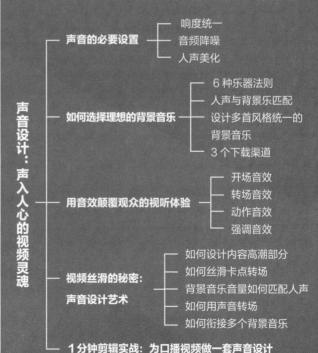

8.1 声音的必要设置

8.1.1 响度统一

首先，当我们录制了一段口播，首先需要调整的是音量的统一性，避免一会儿大声、一会儿小声。在剪映中，点击"音量"-"响度统一"按钮，如图 8-1、图 8-2 所示，将响度统一至默认目标值 -23。

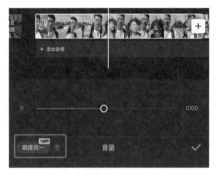

图8-1   图8-2

大多数时候我们用麦克风录制出来的声音音量过大，甚至过爆（音频线见红），如果不进行响度统一，人声的低频和高频会丢失一部分，声音就没那么好听，如图 8-3 所示。

图8-3

但是，如果我们点击"响度统一"，就会发现所有的轨道和音频都统一到了音频线以下，如图 8-4 所示，达到一个比较舒适的状态，而且能最大程度地还原声音本来的质感。

图8-4

所以，这是我们第一个需要调试的地方。但如果你使用的是 2000 元以上的专业麦克风，有自动电平功能，会控制音量和还原细节，保持音频线在红色区域以下，那就不需要调整。

8.1.2 音频降噪

音频降噪旨在消除声音中的底噪，同时不影响音色。选中音频素材后，点击音频二级工具栏中的"音频降噪"按钮，进入音频降噪界面，打开"降噪开关"即可完成降噪，如图 8-5 所示。

如果你的收音环境很好，麦克风也很好，录出来的声音基本听不到底噪，那就不需要降噪这个功能。因为所有的降噪处理都会在某种程度上损失部分声音的细节。

但如果你在室外，或者在家里环境音比较大，录出来的声音中包含周围装修声、鸟叫声等，那就很有必要进行降噪，用轻微的细节损失换来更清晰、干净的声音，还是非常值得。

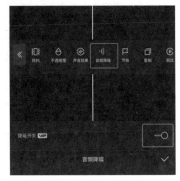

图8-5

创作技法

麦克风自带降噪按钮与剪映后期降噪功能，区别是什么？应该如何选择使用？

建议大家尽量避免前期录制的直接物理降噪方法，因为它是以牺牲声音的音质为代价的。使用麦克风录音时，加降噪和不加降噪产生的声音效果可能截然不同。因此，不推荐使用麦克风自带的降噪功能，而是在后期加降噪处理。一个平台级的软件降噪优化肯定比几百元麦克风的物理降噪优化更好。

8.1.3 人声美化

人声经过美化处理，会变得更加通透和明亮。通过去除混响、喷麦、口水声等噪音，并增强音质，可以将任何人声提升至录音棚品质。

在录音过程中，我们经常面临声音偏沉闷的问题，这需要我们在后期进行适当的调整。比如我使用价值 1000 元的麦克风，在封闭室内录制的声音效果略显沉闷。因为嘴巴与麦克风之间存在一定的收音距离，导致麦克风无法最大化地吸收声音，如图 8-6 所示。

在这种情况下，我们可以通过"人声美化"功能来改善声音效果，如图 8-7 所示。该功能的默认强度为 75，处理过程需要较长时间。

如果你使用的是价值两三千的高品质麦克风，如罗德的产品，那么录制出的声音通透程度本身就比较好，是否进行人声美化可以根据实际需求来决定。

图8-6

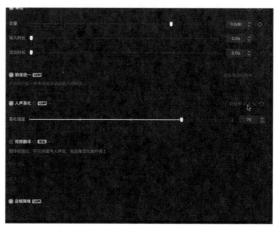

图8-7

以上就是音频处理的三个方面。其中，人声美化和音频降噪的使用应根据具体情况斟酌，避免对每一段音频都过度处理。有时声音本身已经足够通透，如果麦克风与嘴巴的距离非常近，就无需额外处理。

8.2 如何选择理想的背景音乐

8.2.1 6条乐器法则

在选择背景音乐（BGM）时，我们实际上是在选择音乐所传达的情绪。因为一条视频的情感氛围由背景音乐打造。如果背景音乐与内容不匹配，用户就会觉得出戏。有些背景音乐的前奏一响起，就能激发你的观看兴趣，让你产生某种好奇与期待。

视频二维码

在挑选背景音乐时，有六种配乐法则可供参考。我之前制作过一期视频，分享了我两年短视频制作经验中总结出的寻找背景音乐的黄金规律和 6 条乐器法则。这些规律和法则可以教会你根据视频脚本，如何在 10 秒内确定并找到恰当的配乐。

大家看完这条视频之后，请记牢以下 6 条乐器法则。

1. 钢琴曲

适合叙事抒情的文案以及空镜头的 Vlog 画面。对于短视频，如果你不确定选择什么背景音乐，钢琴曲通常是不出错的选择。

2. 小提琴

适用于风格多变、无厘头的画面，整体基调既不悲伤也不过于欢快，适合一些欢快和黑色幽默的场景。

3. 大提琴

相对忧伤和低沉，适用于凸显内心沉思的想法，以及讲述人生中的起伏故事。

4. 手风琴

适用于活泼轻快的风格，可以作为快剪片头以及嬉笑打闹场景的配乐。

5. 口琴

声音一响便能唤起强烈的年代感，能瞬间将用户带回 20 世纪八九十年代。

6. 管弦乐

气势恢宏，适用于航拍等大场景，给人一种气势磅礴的感觉。

掌握以上六条乐器法则后，下次再寻找背景音乐时，可以直接在音乐软件中搜索你所需的乐器歌单，那里的歌曲将完全符合你的需求，避免出错。例如，我要找钢琴曲配乐，就直接搜钢琴曲歌单，如图 8-8 所示。在列表中找到一个收藏高的歌单，里面的音乐基本上就是自己想要的。

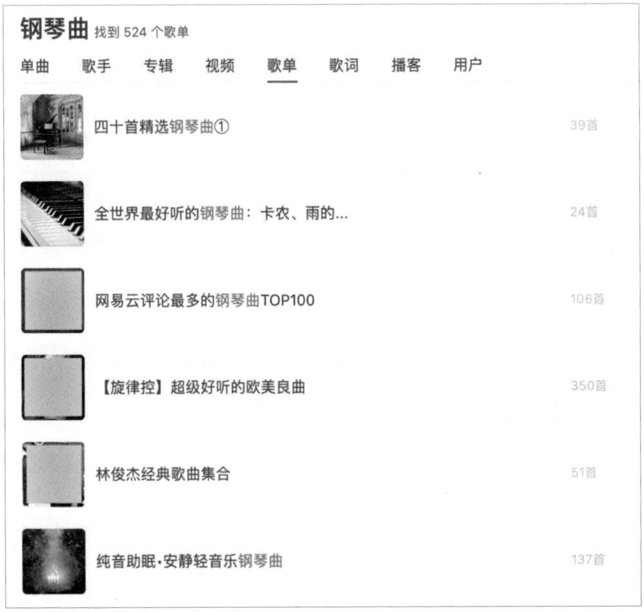

钢琴曲 找到 524 个歌单	
单曲　歌手　专辑　视频　**歌单**　歌词　播客　用户	
四十首精选钢琴曲①	39首
全世界最好听的钢琴曲：卡农、雨的…	24首
网易云评论最多的钢琴曲TOP100	106首
【旋律控】超级好听的欧美良曲	350首
林俊杰经典歌曲集合	51首
纯音助眠·安静轻音乐钢琴曲	137首

图8-8

8.2.2 人声与背景音乐匹配

在视频制作中，人声与背景音乐的搭配至关重要。若视频内包含人声，则应避免选择带有歌唱部分的背景音乐，因为这种组合可能会导致声音混杂不清。然而，如果视频中无人声，仅旨在营造氛围或传递情绪，那么含有歌声的背景音乐便显得尤为重要。

视 频 二 维 码

下面以我这条的三亚旅拍 Vlog 为例。

其中一段因为我需要讲话，我采用了无歌声的背景音乐，如图 8-9 所示。这种无歌声的音乐能为我的讲解增添情绪色彩，而不会使观众分心。

而在另一个片段中，由于我无需讲解，便选用了含有轻柔歌声的背景音乐，其节奏与画面中运动缓慢的水母相匹配，能为观众营造出一种舒适的观赏体验，如图 8-10 所示。

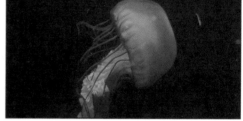

图8-9   图8-10

总的来说，背景音乐的选择应根据短视频内容、是否包含人声以及所要传达的情绪和氛围来决定。恰当的背景音乐能够增强短视频的感染力，使观众获得更佳的观看体验。

8.2.3 设计多首风格统一的背景音乐

在制作视频时，如果内容较长、需要用到多首背景音乐（BGM）。例如，我在上期旅拍 Vlog 中使用了大约 20 首不同的背景音乐，应尽量保持风格统一。因此并不适合加入口琴或复古大提琴这样的音乐元素，这些可能会将观众带入完全不同的情绪状态。

再如，电影《菊次郎的夏天》中大量使用了大提琴音乐，是为了突出传达导演对母亲的愧疚情感，将观众引入一种悲伤的氛围。

总之，精心挑选和风格统一的背景音乐，对于提升视频质量和增强观众记忆有着至关重要的作用。通过尝试和调整，找到那个最能代表你风格且具有广泛适配性的音乐，将大大提升你的视频效果和观众的观看体验。

8.2.4　3个下载渠道

我们有 3 种方式寻找匹配的背景音乐。

第一种：剪映 App

在剪映 App 的音频素材库中有大量音乐素材，如图 8-11 所示，且做好了精细化的分类，方便我们寻找，直接把音乐拖到轨道上即可，操作方便。此外，剪映还有推荐音乐功能，抖音卡点音乐也颇为常见。唯一的问题就是曲库太少，如果不是做精细化剪辑，这里的音乐已足够应对大多数场景。

图8-11

创作技法

如何正确试听音频？不伤耳朵

剪映 App 里音乐 / 音频的原始音量很大，如果带耳机试听，请记得在试听前先把系统声音调小一点，或者先将其拖到轨道上，把响度和其他素材统一之后再试听。

第二种：网易云音乐 App

若追求高质量制作，如旅拍项目，则建议前往网易云音乐 App。我上文已分享如何在网易云找背景音乐，如果你对我的选曲感兴趣，可以在网易云音乐搜索我的频道名字"Jack

的影像世界"。在我的主页中，可以看到我用过的所有配乐，如图 8-12 所示。这些音乐都是经过我严选的，可以直接"抄作业"。

同理，如果你喜欢哪个博主的配乐，可通过搜索其名字，查看并借鉴他们使用的音乐。

图8-12

如何正确地使用外部音乐软件的音乐，以规避版权风险？

在网易云音乐 App 或 QQ 音乐 App 下载的音乐，如果是 mp3 格式，一般是开源的，可以直接拖入轨道中，然后点击"音频""版权校验"，查看是否可商用。

如果是 ncm 格式，那就是版权被平台买断了，不可商用，也无法拖入轨道。如果短视频是商业用途，如挂车带货、品牌广告，尽量不要使用这个音乐作为背景音乐，不仅容易造成侵权，而且被平台检测到之后，还会对内容做消声处理。

第三种：新片场素材网

新片场素材网提供了另一种有版权的下载渠道，在浏览器输入新片场素材网的网址，进入新片场素材官网，左上角点击素材，再勾选会员免费区，如图 8-13 所示。在这里可以搜索所需风格的音乐，如"古风"，并下载正版高质量音源。与网易云音乐 App 不同的是，这里的音乐已经过编辑筛选，质量上乘，更适合与精确内容匹配。

图8-13

在新片场素材官网上，除了音乐，还有上千万的商用素材可供免费下载。在页面搜索框输入我的名字「Jack」即可免费获得一个月的会员，具体使用方法扫码看下方视频。

视 频 二 维 码

▶提示

　　免费下载是个人授权，可以个人使用或商用；若企业商用则需要付费。

8.3　用音效颠覆观众的视听体验

8.3.1　开场音效

　　在探讨视频制作的艺术时，开场部分的设计无疑是至关重要的一环。它不仅需要迅速吸引观众的注意力，更要为整个视频的内容和氛围设定基调。还是以三亚旅拍 Vlog 这期作品为例，开场部分设计了多种元素来增强其吸引力。

　　在这个开场中，我用了自然音效，如清澈的落水声和飞机掠过头顶的声音，如图 8-14 和图 8-15 所示。这些音效不仅营造了一种生动的场景，还让观众有身临其境之感。

图8-14

图8-15

而当画面切换到三亚时，我加了一段风铃的音效，如图 8-16 所示，旨在提醒观众这就是本片主题。这不仅是视觉上的字幕提示，更通过音效让观众深刻感受到视频的主题和情感。

大家平时在刷短视频的时候，也会发现很多博主的短视频会在一开始就出现音效，比如一个水滴声，通过这种声音的刺激来吸引观众停留。

图8-16

创作技法

创作者在哪里寻找音效？需要去音效网站下载和导入吗？

完全不用，直接在剪映 App 里寻找音效就可以，剪映的音频库除了音乐还有大量的音效，我这几年的视频中音效都是在剪映里找的，量大且分类齐全，不需要额外导入。

跟大家分享我常用的音效组合，图 8-17 所示是我使用剪映 5 年以来，其中使用频率最高的音效库。

图8-17

8.3.2　转场音效

　　在视频制作中，转场的设计是确保内容流畅性和观众沉浸感的关键因素。
通过精心设计的转场音效和画面动态，我们可以实现场景之间的无缝切换，
增强视频的整体观感。

视 频 二 维 码

　　例如，我做过一期浦东美术馆看展的 Vlog。

　　在这期视频中，因为有大量的分镜，所以我特别注重转场的设计，旨在
通过音效和画面的配合，提升叙事的连贯性和视觉的流畅感。在视频的一开始，我使用了一
个突然的"呼"声，伴随着画面的迅速转换，引入了美术馆的场景。这种声音与画面的同步，
立刻吸引了观众的注意力，为接下来的叙述设定了基调。

　　接着，在展示如何创建旅行路线的过程中，我通过点击动作的声音桥接了不同的画面。
如图 8-18 所示。每一次点击都伴随着新场景的出现，如出租车的画面平滑地过渡到行驶中
的镜头。此外，我还加入了旋转的视觉效果，如图8-19所示。通过同方向的运动和匹配的音效，
使得转场看起来更加自然和流畅。

　　此外，我还使用了碰杯的音效来衔接不同的场景，从小火车的画面（如图 8-20 所示）
过渡到下一个场景。这些细节的处理不仅增强了转场的自然感，也提高了视频内容的观赏价值。

图8-18

图8-19

总的来说，优秀的转场设计不仅是视觉上的连接，更是听觉上的享受。当转场视觉不够流畅时，适当的音效可以极大提升连贯度，使得整个视频的叙述更加连贯和引人入胜。

图8-20

8.3.3 动作音效

接下来，我们讨论"动作"转场。例如，打开一盏灯的动作，或者按下相机快门的动作。这些看似普通的动作，通过精心设计的声音效果，就能变得生动起来。

以开灯为例，如图 8-21 所示，这个动作本身在视觉上可能并不引人注目，但当我添加了一个特定的音效来伴随这个动作时，它就能更好地吸引观众的注意力，使画面更加生动和有趣。

同样地，当我按下相机快门时，如图 8-22 所示，当添加一个瞬间的音效来伴随按下快门这一动作时，不仅记录了动作的发生，还自然地过渡到了下一个场景。这种声音与画面的结合，使得视频内容更加流畅和连贯。

图8-21

图8-22

　　总之，无论是日常生活中的小动作，还是视频制作中的大动作，通过设计音效，我们都能将这些动作转化为有趣和富有表现力的视听体验。这样的设计，不仅增强了视频的吸引力，也极大地提升了信息传递的效率和效果。

8.3.4　强调音效

　　在视频制作中，强调技术的运用是至关重要的，不仅能够突出关键信息，还能增强观众的观看体验。下面以我的某期带货广告为例。

视频二维码

　　开场的时候，实际上原始录制时是没有背景声音的。为了增加情感和烘托气氛，我特意添加了飞鸟的鸣叫声（见图 8-23）、行走的脚步声（见图 8-24）以及蹬自行车的声音。这些声音的添加，显著提升了视频的整体质感，使得观众能够更加身临其境地感受视频内容。

图8-23

图8-24

　　提升视频质感的另一个关键方法是增加多重音效，加强信息的传递效果。例如，当我想要强调"听见声音"这个概念时，我在视频中加入了风铃的声音，并在下方叠加了燃烧火焰的声音，如图 8-25 所示。这样的声音搭配，不仅增强了视觉元素的表现力，还通过明显的音效，有效地引导观众注意到我所要强调的主题。

图8-25

　　以上这些音效的使用，都是为了匹配和强化视频中的视觉效果，确保观众能够清楚地接收到每一个重要的信息点。这些音效的设计和布局，都是创造高品质视频内容的关键元素，也是每个短视频制作者应当掌握的重要技巧。

8.4 视频丝滑的秘密：声音设计艺术

8.4.1 如何设计内容高潮部分

在制作短视频乃至中长视频时，如果创作者希望内容中出现引人注目的瞬间，能创造最多弹幕和最多评论的高光时刻，那设计视频的高潮部分尤其重要，而视频的高潮需要靠激进的配乐来拉升情绪。

下面以 B 站知名 up 主何同学的一期视频为例。他的这期视频内容是测试 5G 速度，在 5G 测速结果呈现的瞬间，配以激昂的背景音乐，令这一画面成为视频中的高光时刻，如图 8-26 和 8-27 所示，给观众留下了深刻印象，直接把观众的情绪拉满。

图8-26

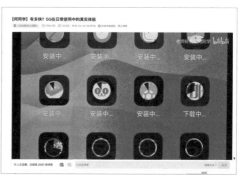
图8-27

这种在视频中设置至少一个高光瞬间的手法，无论是产品测试还是成果展示，都能提升视频在观众心中的记忆点。

8.4.2 如何丝滑卡点转场

在选取背景音乐（BGM）时，我们需根据音乐的节奏和节拍来匹配相应的画面，即所谓的"卡点"。相较于普通的舞蹈卡点，剪辑中这种卡点技术更为精细。

视频二维码

我做过一期苹果 15 发布会的解说视频，一开场 10 秒，我找到了与画面高度匹配的音乐。

Pro 系列 7 个焦段光学变焦镜头的部分，通过快节奏的背景音乐和连续性快切的画面，营造出极具冲击力的视觉体验。

视 频 二 维 码

此外，我还尝试了另一种视频制作手法，即在无口播的情况下，完全依靠背景音乐来烘托情绪和氛围，再通过调整画面色彩增强视觉效果。例如，在一期露营视频中，我刻意安排了几个分镜，利用跳切手法，表现人物坐立不安的情绪，再结合摇摄和仰拍等镜头技巧，使剧情与音乐紧密结合，呈现出一种奔放、释放的感觉。

总的来说，丝滑的卡点转场技术，关键在于找到音乐中的连续性节奏点，以及人声与人声和背景音乐交替的不同段落，然后巧妙地将其融入视频内容中，以达到视觉与听觉的双重享受。

8.4.3　背景音乐音量如何匹配人声

这涉及关键帧技术的应用，即调整音量的变化，使背景音乐（BGM）能够始终匹配人声的响度。

在视频中高潮和低谷的时候，顺滑增加或减少 BGM 的音量，推动观众情绪向前。

比如，三亚旅拍 Vlog 那期画面的最后场景中，我也运用了这种方法。为了给观众带来震撼的感觉，我在轨道的最后部分设置了两个关键帧，使人声在节奏点中间由小逐渐变大，在一个黑场之后，又用背景音乐将整个视频推向高潮，如图 8-28 所示。

图8-28

总的来说，通过背景音乐与人声的匹配以及关键帧音量变化的运用，可以有效地增强视频的表现力和观众的观看体验。

8.4.4 如何用声音转场

为了让大家理解声音转场的魅力，我们以一部电影《爆裂鼓手》举例，如图 8-29，这部影片拿了奥斯卡最佳剪辑奖，拥有着教科书级的声音设计水平。

在这部电影的开场部分，观众在黑暗中听到逐渐增强的节奏和音量，这种未知的音效让人产生强烈的好奇心和紧张感。

当很长时间过去，鼓声突然响起，画面瞬间出现，一名鼓手在演奏，这种声音先入，画面后入的处理方式，是声音转场的常用技术。画面还没展开，鼓声已经让我们先进入了故事。只要任意卡准一个鼓点，画面出现就理所当然。

此外，这部电影中的转场逻辑性极强。还是以开场戏举例，导师因无法忍受鼓手的演奏而离开房间的情节，是通过声音（门关上的声音）先行，然后画面跟随声音转移，展现了极为流畅和很有逻辑性的转场。

总之，《爆裂鼓手》这部电影推荐大家一定要去看，感受一下电影声音设计的魅力。

图8-29

创作技法

如何快速提升电影的声音鉴赏能力，看懂电影的声音设计？

推荐一部纪录片，叫《制作音效：电影声音的艺术》，如图 8-30 所示。这部纪录片采访了多位奥斯卡金奖得主，包括世界顶级的电影配乐师和著名导演，他们在片中分享了对声音制作的深刻见解，以及电影创作案例。这部纪录片对于我们理解音效制作，提升声音鉴赏力有很大帮助，在 B 站上可以观看到完整版本。

图8-30

8.4.5 如何衔接多个背景音乐

在制作视频时，如何平滑地衔接多个背景音乐（BGM），以确保观众的观看体验不被破坏是一个重要的技术问题。之前我们提过，选择风格统一的配乐是关键的第一步。接下来，我们将探讨两种实现音乐平滑过渡的技术：淡入淡出和寻找匹配的波形。

1. 音乐相同 – 淡入淡出

如果视频里只使用一首配乐，那经常会面临时长不够的情况，此时就需要循环播放。淡入淡出指的是在切换下一轮的时候，做 1-3 秒的淡出，然后接下一轮，再进行 1-3 秒淡入。这样在听感上的过渡就很顺畅，不会突然结束、又突然开始。其波形如图 8-31 所示。

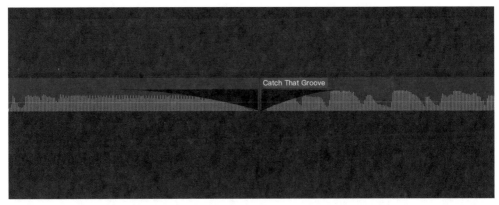

图8-31

2. 音乐不同 – 匹配波形

如果视频里用了多首不同的配乐，那配乐之间的过渡就不能太跳脱。这需要在两首配乐之间找到一个声音相似点，使得前一首音乐的结束与下一首音乐的开始能够无缝连接。这种技术需要细致地听辨两首音乐的结构和节奏，才能找到合适的衔接点。

为了实现这一点，可以采用音量渐入渐出的方法，即在前一首配乐的结束时逐渐降低音量（淡出），同时在下一首配乐的开始时逐渐增大音量（淡入），如图 8-32 所示。通过这种重叠的方式，观众在不知不觉中被引导到下一首配乐，而不会感觉到明显的跳跃或中断。

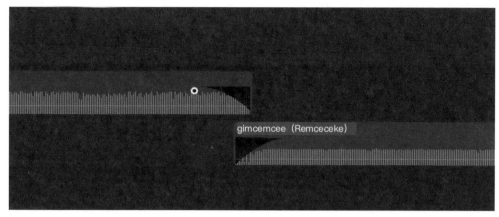

图8-32

总之，通过以上方法，我们可以有效地衔接多个背景音乐，使视频内容呈现出更加流畅和专业的视听效果。

8.4.6 1分钟剪辑实战：为口播视频做一套声音设计

实战目的：学习使用剪映中的"音乐""音频""音效""淡入淡出"等功能来制作视频，扫码观看详细的制作方法，1分钟看完就会。

视 频 二 维 码

第9章 调色设计：打造色彩美学

调色是视频编辑中不可或缺的一项操作，画面颜色在一定程度上能决定视频作品的好坏。就如同每一部电影的色调都跟剧情密切相关，调色不仅可以给视频画面赋予一定的艺术美感，还可以为视频注入情感，例如黑色代表黑暗、恐惧；蓝色代表沉静、神秘；红色代表温暖、热情等。对于视频作品来说，与作品主题相匹配的色彩能很好地传达作品的主旨思想。

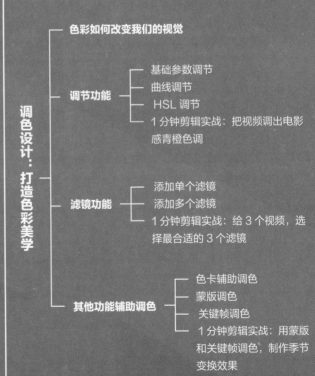

9.1 色彩如何改变我们的视觉

我们先来看一组图片（见图 9-1、图 9-2）：

图9-1

图9-2

图 9-1 是黑白照，给人的第一印象是幽闭。

而图 9-2 换成了彩照，给人的观感就变成了炽热、强烈。

同样的黑白与鲜艳色对比，被导演张艺谋用在了两部电影中。

在电影《英雄》中，张艺谋用红色铺底，观众看到的是豪情与浪漫，如图 9-3 所示；而在他另一部武侠片《影》中，他把红色换成黑白水墨，如图 9-4 所示，观众感受到的是江湖的仇恨与阴暗。

图9-3

图9-4

所以，色彩一直具有左右情绪的力量，这也是为什么所有电影都会花很大心思去调色。因为每部电影的主题、风格、基调、情绪都不一样，而独特的色彩美学可以很好地帮助电影传达情感，因此，每部电影的调色风格都不同。

同样地，短视频不能千篇一律，如果你想让短视频作品自带情绪价值，做有 IP 风格的博主，一定要学会调用色彩的力量。

这里推荐 5 部极富色彩美学的电影，帮助我们构建自己的视频调色美感。

第一部《雪莉：现实的愿景》是 13 幅绝世名画与电影的艺术结晶，以低饱和绿色为主调，敏感而细腻，如图 9-5 所示。如果你是传递知识和信息价值的博主，用这组配色，可以让观众平静地听你讲述。

图9-5

　　第二部《布达佩斯大饭店》是粉色、黄色和紫色的饱满组合，如图 9-6 所示，会让你联想到两个英文词：Romantic & Legendary。

　　这组配色提升视觉美感的同时，建立你个人的调性风格，特别适合艺术、时尚和美妆博主。

图9-6

　　第三部《银翼杀手 2049》拥有镭射般色盘，赛博朋克的未来感，如图 9-7 所示，把观众自然地代入科幻的视角，是科技博主们布景和配色的不二之选。博主们想通过这组配色告诉观众：你身处未来。例如，up 主老师好我叫何同学的每期都绽放着视频科技的美感和人文的浪漫。

图9-7

第四部《天使爱美丽》拥有调校恰到好处的复古色，如图 9-8 所示。还原了爱情最原始的模样，深入到骨髓的文艺气质，令观众对内容如痴如醉，没有比这更适合情侣 Vlog 的配色了。

图9-8

第五部《法兰西特派》在灰度蓝色和黑白色之间穿梭，深邃而沉稳、高雅而幽默、现实而抽象，有一种超越文字的哲思味道，如图 9-9 所示。如果你聊深刻观点，抑或是讽刺冷幽默，用这种灰度风再合适不过。

当然，这 5 部电影只是抛砖引玉，目的是展示不同色彩给影片带来的多样性，接下来，我们就正式进入调色操作的讲解。

图9-9

9.2 调节功能

在剪映的调节功能中，包含基础参数值、曲线、HSL、色轮这四大调色工具。其中第四个色轮工具，只有剪映专业版才有，所以色轮工具会放在第 12 章剪映专业版中细讲。本节主要介绍剪映 App 中的前面 3 个调色工具。

9.2.1 基础参数调节

　　用户除了可以运用滤镜效果一键改善画面色调，还可以通过手动调整亮度、对比度、饱和度等色彩参数，来进一步达到自己想要的画面效果。

　　在剪映 App 中导入素材后，点击"调节"按钮，如图 9-10 所示。在调节二级工具栏中点击"新增调节"按钮，如图 9-11 所示，即可展开调节选项栏，如图 9-12~ 图 9-15 所示。

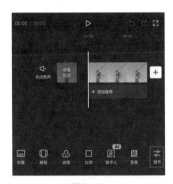
图9-10

图9-11

　　在调节选项栏中包含了"亮度""对比度""饱和度"和"色温"等色彩调节选项，下面逐一介绍。

　　● 亮度：用于调整画面的明亮程度。数值越大，画面越明亮。

图9-12

图9-13

　　● 对比度：用于调整画面黑与白的比值。数值越大，从黑到白的渐变层次就越多，色彩的表现也会越丰富。

　　● 饱和度：用于调整画面色彩的鲜艳程度。数值越大，画面色彩就越鲜艳。

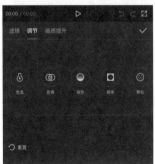
图9-14

图9-15

　　● 光感：与"亮度"相似，光感调节基于原画面本身的明暗范围进行，调整后的效果会更加自然。

　　● 锐化：用来调整画面的锐化程度。数值越大，画面细节越丰富。

　　● HSL：用来调整特定颜色的色调、饱和度、亮度。

● 曲线：分为亮度、红色通道、绿色通道、蓝色通道，其中亮度用于调整画面明暗对比，后 3 个通道用于校正色彩，又称为红色曲线、绿色曲线、蓝色曲线。

● 高光 / 阴影：用来改善画面中的高光或阴影部分。

● 色温：用来调整画面中色彩的冷暖倾向。数值越大，画面越偏向于暖色；数值越小，画面越偏向于冷色。

● 色调：用来调整画面中色彩的颜色倾向。

● 褪色：用来调整画面中颜色的附着程度。

● 暗角：用来调整画面中四角的明暗程度。

● 颗粒：用来调整画面中的颗粒感。数值越高，画面中的颗粒感越重。

9.2.2 曲线调节

在调节选项栏中，点击"曲线"选项，即可展开曲线调节界面，如图 9-16 所示。

其中白色曲线调节画面亮度，红、绿、蓝色曲线调节画面颜色，每条曲线从左至右都被划分了 4 个区域。这 4 个区域从左往右由暗到亮，分别为黑色、阴影、高光、白色，如图 9-17 所示。

调整曲线的方法是通过在曲线上打上锚点，然后移动锚点来实现，如图 9-18 所示。

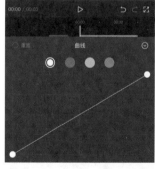
图9-16

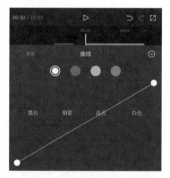
图9-17

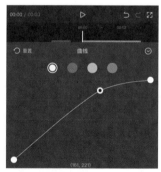
图9-18

利用曲线调整颜色的根据是颜色的互补性，互补色如图 9-19 所示。

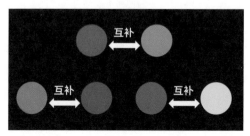
图9-19

以红色曲线为例，在红色曲线上打上锚点然后向上移动锚点，画面会偏向红色，如图 9-20 所示。在红色曲线上打上锚点然后向下移动锚点，画面会偏向蓝色，如图 9-21 所示。利用颜色之间的互补性，便能实现利用曲线对画面调色的目的。

> ▶ 提示
>
> 　　绿色曲线上的锚点向上移动时，画面会偏向绿色，向下移动则会偏向品红。蓝色曲线上的锚点向上移动时，画面会更偏向蓝色，向下移动时画面则会偏向黄色。

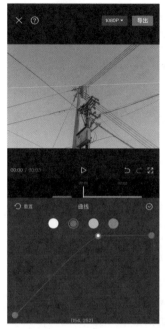
图9-20

图9-21

9.2.3　HSL调节

　　HSL 色彩模式是一种颜色标准，该模式通过色调（H）、饱和度（S）、亮度（L）3 个通道的变化，以及它们互相的叠加来表示颜色，剪映中的 HSL 功能选项如图 9-22 所示。

　　利用 HSL 功能可以对素材画面进行精准调色，从而实现各种创意调色，例如通过 HSL 调节功能只保留画面中的红色部分，前后对比如图 9-23 和图 9-24 所示。

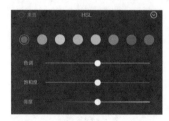
图9-22

图9-23

图9-24

> （创作技法）
>
> **如何通过调色，让手机拍摄的画面拥有电影感？**
>
> 　　我们看的电影大多画面比较暗，有种或蓝或绿的底色，而且有很强的光影氛围。按这个思路，后期在对手机拍摄的画面进行调整时，只需做以下调整。

（1）降低画面亮度，压制高光，整体拥有暗色调。

（2）提升对比度，让明暗对比更明显。

（3）色调往蓝或绿偏移，制造电影底色。

9.2.4 1分钟剪辑实战：把视频调出电影感青橙色调

视频二维码

实战目的：学习使用剪映中的"基础调色""HSL""曲线""色轮"功能来调色，做出电影感效果，接下来扫码观看详细的制作方法，1分钟看完就会。

9.3 滤镜功能

滤镜可以说是如今各大视频剪辑 App、图片编辑 App 的必备"亮点"，通过为素材添加滤镜，可以很好地掩盖由于拍摄造成的缺陷，并且可以使画面更加生动、绚丽。剪映为用户提供了数十种视频滤镜特效，合理运用这些滤镜效果，可以在美化视频画面的同时模拟各种艺术效果，从而使视频作品更加引人瞩目。

9.3.1 添加单个滤镜

在时间轴区域中选择一段素材，然后点击底部工具栏中的"滤镜"按钮 🔗，如图9-25所示，进入滤镜选项栏，在其中选择一款滤镜效果，即可将其应用到所选素材，通过移动下方的调节滑块可以改变滤镜的强度，如图9-26所示。

完成上述操作后点击右下角的"保存"按钮 ☑，此时的滤镜效果仅添加给了选中的素材。若需要为其他素材片段同时应用该滤镜效果，可在选择滤镜效果后点击"全局应用"按钮 🔘。

图9-25

图9-26

9.3.2　添加多个滤镜

在不选中素材的情况下，点击"滤镜"按钮，如图 9-27 所示，展开滤镜选项栏后选择一个滤镜，如图 9-28 所示。

保存后将会在时间轴区域内生成一段可以调节的滤镜素材，如图 9-29 所示。而要添加多个滤镜，只需在返回滤镜二级工具栏后，点击"新增滤镜"按钮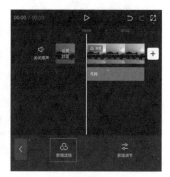，如图 9-30 所示。

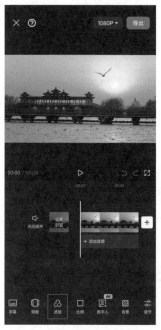

图9-27

图9-28

图9-29

图9-30

再次在滤镜选项栏中选择一个滤镜，如图 9-31 所示。保存后会在时间轴区域内再次添加一段可以调整的滤镜素材，如图 9-32 所示。

图9-31

图9-32

在添加滤镜后，我们还可以对滤镜素材进行调整，调整滤镜素材的方法与调整视频、音频素材的方法一致：按住素材前后拖动，可以对素材顺序进行调整，如图 9-33 所示；选中素材前后拖动即可改变素材持续的时长，如图 9-34 所示。

图9-33　　　　　　　　　图9-34

创作技法

如何在上百个滤镜中，选出最优质滤镜？

推荐如下 6 个宝藏级滤镜。

- 男生口播更彰显男子气概，用滤镜「硬朗」。
- 女生口播更突显通透皮肤，用滤镜「晶透」。
- 打造电影感风格，用滤镜「青橙」。
- 打造暗调氛围感，用滤镜「影部」。
- 打造户外阳光热烈氛围，用滤镜「自由」。
- 打造生活化相机质感，用滤镜「徕卡Ⅱ」。

9.3.3 1分钟剪辑实战：给3个视频，选择最合适的3个滤镜

实战目的：学习使用剪映中的"滤镜"功能对视频进行最精准的调色，考验审美能力，接下来扫码观看详细的制作方法，1分钟看完就会。

视 频 二 维 码

9.4 其他功能辅助调色

在剪映中，除了使用调节功能和滤镜功能来进行调色，用户还可以结合素材使用其他方法进行调色，来获得别具一格的画面色彩风格。

9.4.1 色卡辅助调色

色卡作为一种颜色预设工具，用来调色非常方便，而且能够制作出让人耳目一新的画面效果。色卡辅助调色虽然不常见但却实用，在剪映中将色卡与混合模式相结合可实现不同的画面效果。

在调色类别中，色卡是指一款底色工具，可以快速确认画面色调，图 9-35 和图 9-36 为两款不同颜色的色卡。

图9-35　　　　　　　图9-36

在剪映 App 中导入一张图片素材后，新增一张色卡素材到画中画轨道上，如图 9-37 所示。新增色卡素材后在预览界面中对素材缩放，以确保色卡素材能够覆盖主轨道上的素材画面，如图 9-38 所示。

图9-37　　　　　　　图9-38

选中画中画轨道上的色卡素材，点击"混合模式"按钮，如图 9-39 所示。在混合模式选项栏中选择"叠加"模式，并调整其强度为45，如图 9-40 所示。

图9-39　　　　　　　图9-40

完成上述操作后预览视频画面效果，调色前后对比如图 9-41 和图 9-42 所示，可以看到调色后的画面偏向蓝色，呈现冷色调。

图9-41　　　　　　　图9-42

▶提示

　　在选择色卡进行调色时，要根据画面基调来选择合适的色卡，而应避免使用与画面基调为互补色的色卡，避免因把握不好色彩而调出非常奇怪的画面。

创作技法

如何精准控制手机的白平衡，还原准确的颜色？

　　使用手机原相机拍摄视频时，不论什么场景都会自动还原白平衡，不论暖色还是冷色，都会自动回归白色。如果我们想拍摄氛围场景，如暖光就拍不出来。

　　此时，我们需要用到第三方相机软件，苹果手机用户可以用苹果官方最新推出的拍摄软件 Final Cut Camera，安卓手机用户可以使用 promovie 等专业拍摄软件。

　　这些软件均可以手动锁定白平衡，还原准确的太阳光，氛围暖光。

9.4.2 蒙版调色

　　当调色完成后，如果发现画面中部分内容的颜色变得不如调色前好看，可以复制一份原素材至画中画轨道上，然后对画中画轨道上的素材添加蒙版让这一部分显露出来，以获得更好的画面效果。

　　以滤镜素材为例，在剪映 App 中添加素材后，复制一份素材至画中画轨道上，对画中画轨道上的素材添加滤镜，如图 9-43 所示。选中画中画轨道上的素材，点击"蒙版"按钮▣，进入蒙版选项栏后选择线性蒙版选项，适当调整线性蒙版旋转角度、位置和羽化值，如图 9-44 所示。

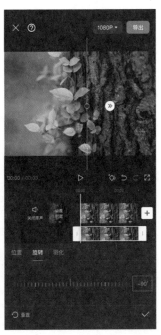

图9-43　　　　　　　　　图9-44

使用蒙版调色前后对比如图 9-45 和图 9-46 所示。

图9-45   图9-46

9.4.3 关键帧调色

除了蒙版调色和色卡调色这两种调色方式，还可以利用关键帧来制作画面色彩逐渐变化的效果。

在剪映 App 中添加素材后，添加一段滤镜素材，选中已经添加后的滤镜素材，将时间线稍稍后移，点击"添加关键帧"按钮◇，如图 9-47所示。再次将时间线后移，点击"添加关键帧"按钮◇，并在添加关键帧后调整滤镜强度，如图 9-48 所示。

添加关键帧后更改相关参数，即可实现画面色彩的变化。

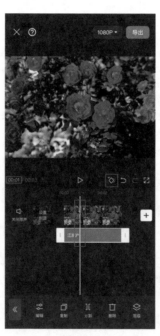

图9-47   图9-48

9.4.4 1分钟剪辑实战：用蒙版和关键帧调色，制作季节变换效果

实战目的：学习使用剪映中的"蒙版""关键帧""颜色调整"功能来制作季节颜色变换效果，扫码观看详细的制作方法，1 分钟看完就会。

视 频 二 维 码

第10章 特效设计：让视频更具创意和高级感

在前面的章节中，我们学习了短视频的基本剪辑、画面调色、转场设计、音频设计等操作，通过这些基本操作我们可以制作一个比较完整的短视频了。而要让自己的短视频作品更加吸引观众，则可以尝试在作品中设计一些特效，提升画面的艺术性。

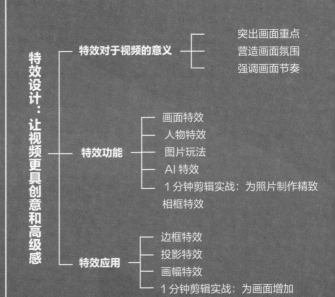

10.1 特效对于视频的意义

剪映中有非常丰富的特效，不少用户只是单纯地利用特效来让视频变得更加炫酷，当然，这也是特效的一个重要作用，但特效在实际应用上远不止这些，通过特效设计能够为视频带来更多的可能性，特效对于视频的意义如下。

1. 突出画面重点

一个视频中往往会有几个画面需要重点突出，如影视混剪视频中最精彩的部分或产品展示视频中着重展示产品特点的画面等。在视频剪辑过程中，可以单独为重点画面添加特效，使之与其他部分在视觉效果上产生强烈的对比，从而起到突出、强调视频中关键画面的作用。

2. 营造画面氛围

对于一些需要突出情绪的视频而言，与情绪相匹配的画面氛围至关重要。而一些镜头在前期拍摄时可能没有条件去营造适合表达情绪的环境，那么创作者在后期剪辑时可以添加特效来营造环境氛围，再搭配上画面调色，能够更好地传达画面情绪。

3. 强调画面节奏

让画面形成良好的节奏感可以说是后期剪辑最重要的目的之一。那些比较短促、具有爆发力的特效，可以让画面的节奏感更加突出。利用特效来强调画面节奏感还有一个好处，就是可以让画面在切换时更具观赏性。

10.2 特效功能

剪映为创作者提供了丰富且炫酷的特效功能，通过使用这些特效能够让画面表现更上一层楼，呈现出和别的短视频不一样的视频效果。

10.2.1 画面特效

在剪映中添加画面特效的方法非常简单，在创建剪辑草稿并添加视频素材后，将时间线拖拽至需要添加特效的时间点处，在未选中素材的状态下，点击底部工具栏中的"特效"按钮，如图 10-1 所示，即可进入特效二级工具栏，如图 10-2 所示。

在特效二级工具栏中可以选择特效种类，点击"画面特效"按钮，如图 10-3 所示，即可进入画面特效选项栏，如图 10-4 所示。

图10-1

图10-2

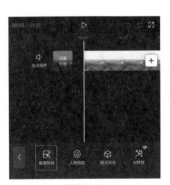

图10-3

图10-4

在画面特效选项栏中，通过滑动操作可以预览特效缩略图。默认情况下视频素材不具备特效效果，用户在特效选项栏中点击任意一种效果，可将其应用至视频素材，若不再需要特效效果，点击"无" 按钮即可取消特效的应用。在画面特效选项栏中，各种特效被细致分类，便于用户根据自身需要选择。剪映中的画面特效如图 10-5 所示。

图10-5

▶ 提示

在视频轨道上添加特效后，如果要切换到其他轨道进行编辑，特效将被隐藏。如需要再次对添加的特效进行编辑，点击界面底部工具栏中的"特效"按钮 即可。

創作技法

如何正确运用画面特效，提升视频质感？

● 如果想打造电影感的窄边框，加「电影感画幅」特效。

● 如果想让画面更柔美，加「柔光」特效。

● 如果想给画面增加太阳光线，加「丁达尔光线」特效。

● 如果想让画面部分模糊，类似马赛克效果，加「模糊」特效。

● 如果视频比较糊，想以最快的方式提升质感，加「边框」特效。

● 如果想创作回忆合集效果，加「纸质抽帧」特效。

10.2.2 人物特效

　　人物特效与画面特效的作用对象不同，使用人物特效时会自动作用于画面中的人物上，并起到追踪的效果。剪映中人物特效的种类繁多，如情绪、头饰、身体、挡脸、环绕、手部等，灵活使用人物特效同样能打造出富有创意和吸引力的短视频。

　　在剪映中添加素材后，点击底部工具栏中的"特效"按钮🗫，点击特效二级工具栏中的"人物特效"按钮◙，如图 10-6 所示，即可进入人物特效选项栏，如图 10-7 所示。

　　在人物特效选项栏中，用户可以选择各种人物特效效果，剪映中的人物特效预览如图 10-8 所示。

图10-6

图10-7

图10-8

▶提示

　　在使用人物特效效果时，应选择清晰的人物视频素材或者图片素材，才能保证最终较好的视频画面效果。

10.2.3 图片玩法

图片玩法是剪映的特色功能，创作者只需要导入一张图片素材，即可为该图片素材添加各种特效，生成一段视频。

打开剪映App，导入一张图片素材，在未选中素材的情况下，点击底部工具栏中的"特效"按钮图，点击特效二级工具栏中的"图片玩法"按钮图，如图10-9所示，即可展开图片玩法选项栏，如图10-10所示。

图10-11和图10-12为剪映中的图片玩法选项栏中的"3D运镜"效果展示。

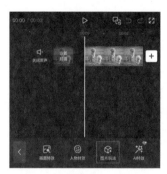

图10-9

图10-10

图10-11

图10-12

▶ 提示

图片玩法中的很多效果只为剪映VIP用户开放，例如古风穿越、时空穿越等。这类效果非常独特，能够通过一张图片素材结合AI计算生成不一样的穿越效果。

10.2.4 AI特效

AI 特效是剪映的特色功能，用户在导入素材后，通过输入关键词即可为画面添加特效。

在剪映素材库中选择素材并导入后，在未选中素材的情况下点击"特效"按钮 ，点击特效二级工具栏中的"AI 特效"按钮 ，如图 10-13 所示，即可进入 AI 特效界面，剪映会根据用户导入的素材智能选择合适的 AI 特效，如图 10-14 所示。

如果用户对于使用 AI 特效进行创作没有灵感，可以点击位于输入框右上角的"灵感"选项，如图 10-15 所示。进入剪映提供的灵感选项栏中，如果用户对于展示的灵感感兴趣，点击"试一试"按钮，如图 10-16 所示，就可以使用选择的灵感进行 AI 创作。

图10-15

图10-16

图10-13

图10-14

点击位于输入框右下角的"随机"按钮，即可根据画面随机生成 AI 文案，如图 10-17 和图 10-18 所示。

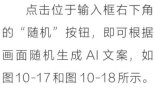

图10-17

图10-18

点击"创作"按钮即可根据用户导入的素材开始 AI 创作，完成后会向用户提供几种创作方案，如图 10-19 所示。用户选择创作方案后即可开始生成 AI 特效视频，如图 10-20 所示。

最后生成的 AI 特效效果如图 10-21 所示。

图10-19   图10-20   图10-21

10.2.5 1分钟剪辑实战：为照片制作精致相框特效

视频二维码

实战目的：学习使用剪映中的"特效""边框""裁剪"等功能来制作视频，接下来扫码观看详细的制作方法，1 分钟看完就会。

10.3 特效应用

剪映中为特效效果进行了细致分类，在本节中我们将介绍剪映中几种常见的特效应用。

10.3.1 边框特效

用户如果想要使用剪映中的边框特效，则需要在剪映的画面特效选项栏中的"边框"分类下寻找。用户在使用边框特效之后，剪映会自动调整素材缩放，或是裁切画面以适配边框特效，如图 10-22 所示。

剪映为用户提供了丰富的边框特效效果，如图 10-23 和图 10-24 所示。

图10-23

图10-22

图10-24

10.3.2 投影特效

剪映中的投影特效非常有特点，可以模拟现实生活中的真实光线的投影效果。用户在导入素材后，在剪映画面特效选项栏中的"投影"分类下选择某一特效效果即可应用该效果，如图 10-25 所示。

剪映为用户提供了丰富的投影特效效果，如图 10-26 和图 10-27 所示。

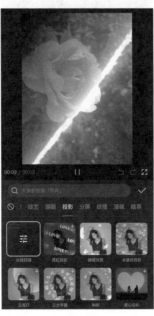

图10-26

图10-25

图10-27

10.3.3 画幅特效

通过剪映中的画幅特效可以很轻松地将视频调整为电影画幅，让视频画面表现更好。剪映中调整画幅的画面特效效果主要是"电影感"和"电影感画幅"这两种，在画面特效选项中的"电影"分类下，均可找到，其中"电影感"特效效果的应用如图10-28所示。

图10-28

10.3.4 1分钟剪辑实战：为画面增加唯美柔光特效

实战目的：学习使用剪映中的"特效""柔光""基础调整"功能来制作视频，扫码观看详细的制作方法，1分钟看完就会。

视 频 二 维 码

CHAPTER ELEVEN

▶第11章

画面合成设计：多功能使用打造炫酷画面

给平淡的视频加上各种各样的动态效果，或是脑洞大开地增加一些新奇的特效背景，可以令视频更加吸引观众的目光。短视频平台上的视频种类非常多，仔细观察不难发现，运用合成效果的视频占很大比例，这类视频广受观众喜爱。

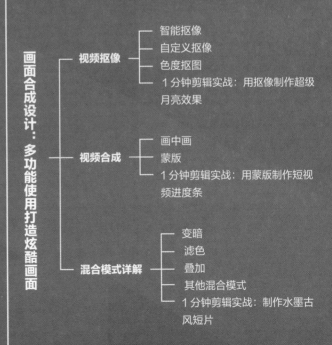

11.1 视频抠像

剪映自带的许多特殊功能，支持用户在剪辑项目中置换视频背景，或是利用抠图来达到特殊的视觉效果等。本节介绍在剪映 App 中使用"智能抠像""自定义抠像""色度抠图"的方法。

11.1.1 智能抠像

剪映自带了许多非常实用的功能，"智能抠像"就是其中之一。剪映的"智能抠像"功能是指将视频中的人像部分通过 AI 识别自动抠出来，抠出来的人像可以放到新的背景视频中，制作出特殊的视频效果。"智能抠像"使用方法也很简单，在未选中素材的状态下点击

底部工具栏中的"画中画"按钮🖼，然后点击"新增画中画"按钮🖼，导入想要抠出人像的素材。选中素材后点击抠像二级工具栏中的"抠像"按钮👤，然后点击"智能抠像"按钮👤，便可以将人像从背景中抠出来。图11-1 和图 11-2 所示便是运用"智能抠像"和"画中画"功能完成的置换背景的效果。

> ▶提示
>
> 智能抠像功能现在只对剪映VIP会员开放。

图11-1

图11-2

11.1.2 自定义抠像

当用户使用智能抠像功能无法满足创作需求时，便可以使用自定义抠像功能，画出区域，再进行抠像。

在剪映 App 中添加两张图片素材后，将需要进行抠像的图片素材切换至画中画轨道上，

点击"抠像"按钮，如图 11-3 所示。展开抠像二级工具栏，点击"自定义抠像"按钮，
如图 11-4 所示。

图11-3　　　　　　　　　　　图11-4

进入自定义抠像选项栏，如图 11-5 所示。在选择"快速画笔"进行抠像后，剪映会自
动识别用户想要的抠像范围，并以粉红色标识出抠像范围，如图 11-6 所示。

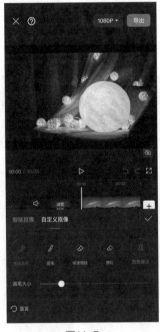 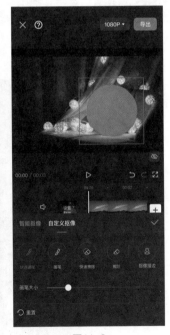

图11-5　　　　　　　　　　　图11-6

而用户可以根据创作需求使用画笔自行绘画，剪映会将用户自行绘制的抠像区域用玫红
色进行标识，如图 11-7 所示。在绘制过程中，预览区域的左上角会出现同样的放大框，便
于用户查看画笔痕迹，如图 11-8 所示。点击预览区域右下角的"预览"按钮，即可预览
抠像效果，如图 11-9 所示。

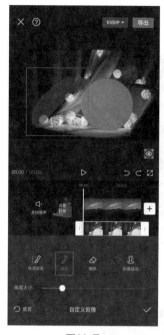

图11-7

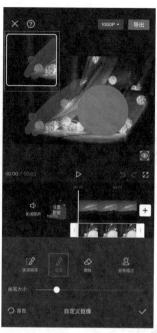

图11-8

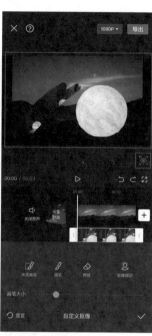

图11-9

点击"快速擦除"按钮则可以擦除抠像区域，擦除痕迹则以绿色进行标识，在擦除过程中，预览区域的右上角会出现一个放大框，便于查看擦除画笔的痕迹，如图 11-10 所示。

点击"保存"按钮☑后，即可预览抠像效果，如图 11-11 所示。在预览区域中调整抠像效果，调整后如图 11-12 所示。

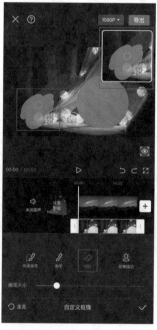

图11-10

图11-11

图11-12

11.1.3　色度抠图

　　剪映的"色度抠图"功能简单说就是对比两个像素点之间颜色的差异性，把前景抠取出来，从而达到置换背景的目的。"色度抠图"与"智能抠像"不同，"智能抠像"会自动识别人像，然后将其导出，而"色度抠图"是用户自己选择需要抠取的部分。用户运用色度抠图功能时，选中的颜色与其他区域的颜色差异越大，抠图的效果会越好。图 11-13 所示为剪映 App 版的色度抠图界面，图 11-14 为利用"色度抠图"功能置换背景的效果。

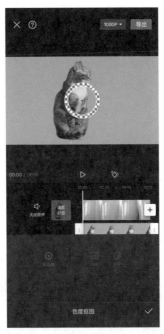

图11-13　　　　　　　　　　图11-14

　　在选中要抠图的素材后点击"抠像"按钮，点击抠像二级工具栏中的"色度抠图"按钮，进入色度抠图选项栏，选项栏包含以下功能按钮或参数。

　　● 取色器◉：该按钮对应预览区域中的选取器圆环，在预览区域中拖动选取器圆环，可以选取要抠除的颜色。

　　● 强度▣：用来调整取色器所选颜色的透明度，数值越高，透明度越高，颜色被抠除得越干净。

　　● 阴影◖：用来调整抠除背景后图像的阴影，适当调整该参数数值可以使抠图边缘更平滑。

　　● 重置↻：可以重置抠图操作。

▶提示

　　一般使用色度抠图时会选择绿幕素材或者蓝幕素材进行抠图，这样能够抠出边缘清晰的图像，获得更好的画面效果。

11.1.4　1分钟剪辑实战：用抠像制作超级月亮效果

　　实战目的：学习使用剪映中的"抠像""裁剪""删除"功能来制作视频，扫码观看详细的制作方法，1 分钟看完就会。

视 频 二 维 码

11.2 视频合成

在视频合成中，"画中画"与"蒙版"功能经常会同时使用，"画中画"功能最直接的效果是使一个视频画面中出现多个不同的画面，但通常情况下层级数高的视频素材画面会覆盖层级数低的视频素材画面，此时利用"蒙版"功能便能自由调整遮挡区域，以达到理想的效果。本节将介绍在剪映中添加与使用"画中画"和"蒙版"功能的方法，帮助读者更好地发挥创意。

11.2.1 画中画

"画中画"功能最直接的展示效果是一个视频画面中同时出现多个不同的画面，但其更重要的作用在于可以形成多条视频轨道，利用多条视频轨道，可以使多个素材出现在同一画面中。例如，我们在平时观看视频时，可能会看到有些视频将画面分为好几个区域，或者划出一些不太规则的地方来播放其他视频，这在一些教学分析、游戏讲解类视频中非常常见，图 11-15 所示便是灵活使用了"画中画"功能，使观众更容易理解视频教学内容。

图11-15

添加"画中画"的方法也很简单。首先添加一个视频素材，然后在未选中素材的状态下点击底部工具栏中的"画中画"按钮 ，如图 11-16 所示。点击画中画二级工具栏中的"新增画中画"按钮 ，如图 11-17 所示，选中需要的素材后点击下方的"添加"按钮，即可为视频添加"画中画"效果。

图11-16   图11-17

11.2.2 蒙版

蒙版，又称为遮罩，蒙版功能可以遮挡部分画面或显示部分画面，是视频编辑处理时非常实用的一项功能。在剪映中，通常是下方的素材画面遮挡上方的素材画面，此时便可以使用"蒙版"来达到同时显示两个素材画面的目的。

选中素材后点击底部工具栏中的"蒙版"按钮◉，如图 11-18 所示。在打开的蒙版选项栏中，可以看到不同形状的蒙版选项，如图 11-19 所示。

图11-18　　　　　　　　　　　图11-19

点击某一形状的蒙版，并点击右下角的"保存"按钮✔，即可将该形状蒙版应用到所选素材中，图 11-20 所示为选择圆形蒙版呈现的效果。

在选择某一形状的蒙版后，用户可以在预览区域中对蒙版进行移动、缩放、旋转、羽化、圆角化等基本调整操作，需要注意的是，不同形状的蒙版所对应的调整参数会有些许不同，下面就以"矩形"蒙版为例进行讲解。

在蒙版选项栏中选择"矩形"蒙版后，在预览区域中可以看到添加蒙版后的画面效果，同时预览区域中蒙版的周围分布了几个功能按钮，如图 11-21 所示。

在预览区域中按住蒙版进行拖动，可以对蒙版的位置进行调整，此时预览区域中蒙版的作用区域也会随之发生变化，如图 11-22 所示。

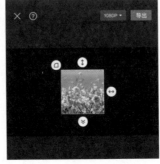

图11-20　　　　　　　　　　图11-21　　　　　　　　　　图11-22

在预览区域中，两指朝相反方向滑动，可以将蒙版作用区域放大，如图 11-23 所示；两指朝同一方向聚拢，则可以将蒙版作用区域缩小，如图 11-24 所示。

 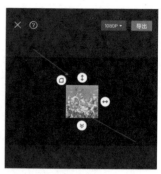

图11-23　　　　　　图11-24

矩形蒙版和圆形蒙版支持用户在垂直或水平方向上对蒙版的大小进行调整。在预览区域中，按住蒙版旁的 ↕ 按钮，可以对蒙版进行垂直方向上的缩放，如图 11-25 所示；若按住蒙版旁的 ↔ 按钮，则可以对蒙版进行水平方向上的缩放，如图 11-26 所示。

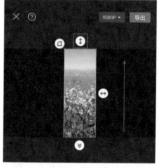 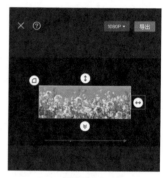

图11-25　　　　　　图11-26

所有蒙版均能进行羽化处理，使视频画面更加和谐，蒙版效果更加自然。在预览区域中按住 ☆ 按钮，往下滑动即可增加蒙版的羽化值，图 11-27 为羽化效果图。

蒙版中只有矩形蒙版能进行圆角化处理，即矩形四角变得更圆滑。在预览区域中按住 ⟲ 按钮，往外滑动即可使矩形蒙版圆角化，图 11-28 为圆角化效果图。

此外，点击蒙版选项栏左下角的"反转"按钮 ◫，蒙版作用区域则会被遮挡，而显现其他区域，如图 11-29 所示。

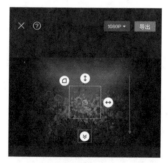

图11-27

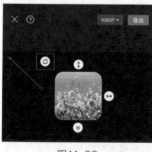

图11-28

图11-29

创作技法

如何用蒙版设计视频创意？

蒙版可以实现以下 8 种视频创意。

（1）改变局部画面颜色。

（2）让画面产生渐变。

（3）单人模拟双人对话。

（4）视频进度条。

（5）三分屏效果。

（6）电影开幕效果。

（7）大小头特效。

（8）圆润矩形。

11.2.3　1分钟剪辑实战：用蒙版制作短视频进度条

视频二维码

实战目的：学习使用剪映中的"蒙版""字幕"功能来制作视频，扫码观看详细的制作方法，1 分钟看完就会。

11.3　混合模式详解

混合模式是图像处理技术中的一个技术名词，它的原理是通过不同的方式将不同对象之间的颜色混合，以产生新的画面效果。剪映为用户提供了多种混合模式，可以实现对素材的混合处理，从而可帮助用户制作出漂亮而自然的视频效果。

图 11-30 为背景层，图 11-31 为混合层，下面以这两张图为例，介绍和演示剪映提供的这些视频混合模式。

图11-30

图11-31

11.3.1 变暗

当用户在剪映中导入了素材后，要使用混合模式，首先要将素材切换至画中画轨道上，便于制作后期效果。选中画中画轨道上的素材，点击"混合模式"按钮，如图 11-32 所示，即可进入混合模式选项栏，如图 11-33 所示。

图11-32　　　　　　图11-33

变暗模式是混合两图层像素的颜色时，分别比较二者的 RGB 值，取二者中较低的值，再组合成为混合色，所以混合后的颜色灰度级降低，呈现变暗的效果。应用变暗模式后效果如图 11-34 所示。

图11-34

11.3.2 滤色

滤色模式是将图像的基色与混合色结合起来产生比两种颜色都浅的第三种颜色，应用滤色模式后效果如图 11-35 所示。通过该模式转换后的效果颜色通常很浅，结果色总是较亮的颜色。滤色模式的工作原理是保留图像中的亮色，利用这个特点，在对丝薄婚纱图像进行处理时通常采用滤色模式。同时滤色模式有提亮作用，可以解决图像曝光度不足的问题。

图11-35

11.3.3 叠加

叠加模式是指根据背景层的颜色，将混合层的像素值相乘或覆盖，不替换原色，而是将基色与叠加色相混，以反映原色的亮度或暗度。该模式对于中间色调影响较为明显，对于高亮度区域和暗调区域影响不大。应用叠加模式后效果如图 11-36 所示。

图11-36

11.3.4 其他混合模式

除了前面 3 种经常使用的混合模式，混合模式选项栏中还有其他混合模式，不同的混合模式所带来的画面效果也有所不同，接下来介绍其他几种混合模式。

1. 正片叠底

正片叠底模式与滤色模式正好相反，是将基色与混合色的像素值相乘，然后再除以 255，便得到了结果色的颜色值，结果色总是比原色更暗。当任何颜色与黑色进行正片叠底模式操作时，得到的颜色仍为黑色，因为黑色的像素值为 0；当任何颜色与白色进行正片叠底模式操作时，颜色保持不变，因为白色的像素值为 255。应用正片叠底模式后效果如图 11-37 所示。

图11-37

2. 变亮

变亮模式与变暗模式的结果正好相反。通过比较基色与混合色，把比混合色暗的像素替换，比混合色亮的像素保持不变，从而使整个图像产生变亮的效果。应用变亮模式后效果如图 11-38 所示。

图11-38

3. 强光

强光模式是正片叠底模式与滤色模式的组合。它可以产生强光照射的效果，根据当前图层颜色的明暗程度来决定结果色变亮还是变暗。如果混合色比基色的像素更亮一些，那么结果色变亮；如果混合色比基色的像素更暗一些，那么结果色变暗。该模式实质上同柔光模式相似，区别在于其效果要比柔光模式更强烈一些。在强光模式下，当前图层中比 50% 灰色亮的像素会使图像变亮；比 50% 灰色暗的像素会使图像变暗，但当前图层中纯黑色和纯白色将保持不变。应用强光模式后效果如图 11-39 所示。

图11-39

4. 柔光

柔光模式的效果与发散的聚光灯照在图像上相似。该模式根据混合色的明暗来决定图像的最终效果是变亮还是变暗。如果混合色比基色更亮一些，那么结果色将变亮；如果混合色比基色更暗一些，那么结果色将变暗，使图像的亮度反差增大。应用柔光模式后效果如图 11-40 所示。

图11-40

5. 线性加深

线性加深模式是通过降低亮度使基色变暗来反映混合色。如果混合色与基色呈白色，混合后将不会发生变化。应用线性加深模式后效果如图 11-41 所示。

图11-41

6. 颜色加深

颜色加深模式是通过增加对比度使基色变暗以反映混合色，素材图层相互叠加可以使图像暗部更暗；当混合色为白色时，则不产生变化。应用颜色加深模式后效果如图 11-42 所示。

图11-42

7. 颜色减淡

颜色减淡模式是通过降低对比度使基色变亮，从而反映混合色；当混合色为黑色时，则不产生变化。颜色减淡模式类似于滤色模式的效果。应用颜色减淡模式后效果如图 11-43 所示。

图11-43

创作技法

如何通过混合模式，让过曝素材恢复正常？

在过曝素材上方，添加"黑场"素材，并将其铺满整个屏幕，然后选择"柔光"混合模式，不透明度调整为 20%~30%，此时过曝部分会产生暗调底色，从观感上，过曝部分会恢复正常，如图 11-44 所示。

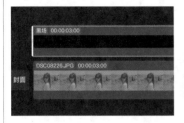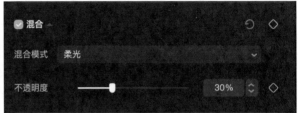

图11-44

11.3.5　1分钟剪辑实战：制作水墨古风短片

实战目的：学习使用剪映中的"混合模式""特效"功能来制作视频，扫码观看详细的制作方法，1 分钟看完就会。

视 频 二 维 码

CHAPTER TWELVE

第12章 剪映专业版

我所有的短视频，都是用剪映专业版剪辑的。相较于剪映 App 版，剪映专业版的界面布局更为清晰，更适合电脑端用户，适用于更多专业剪辑场景，利于制作更专业、更高阶的视频效果。本章中，我们把前面 11 章剪映 App 版讲过的最常用的功能，在剪映专业版上带大家实操一下，旨在帮助读者学会剪映专业版的使用逻辑。

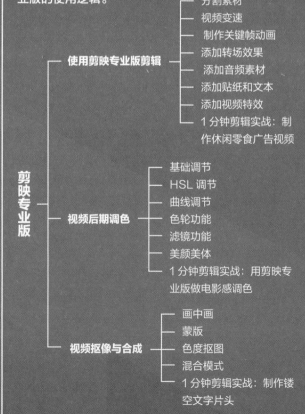

剪映专业版

使用剪映专业版剪辑
—— 分割素材
—— 视频变速
—— 制作关键帧动画
—— 添加转场效果
—— 添加音频素材
—— 添加贴纸和文本
—— 添加视频特效
—— 1 分钟剪辑实战：制作休闲零食广告视频

视频后期调色
—— 基础调节
—— HSL 调节
—— 曲线调节
—— 色轮功能
—— 滤镜功能
—— 美颜美体
—— 1 分钟剪辑实战：用剪映专业版做电影感调色

视频抠像与合成
—— 画中画
—— 蒙版
—— 色度抠图
—— 混合模式
—— 1 分钟剪辑实战：制作镂空文字片头

12.1 使用剪映专业版剪辑

剪映专业版与剪映 App 存在许多相似之处，如果用户能够熟练使用剪映 App，那么也能够以较快速度上手剪映专业版。

12.1.1 分割素材

在剪映专业版中，对素材进行分割的方法有以下三种。

第一种方法，将素材添加到时间轴区域后，将时间线定位到需要进行分割的时间点，然后单击时间轴上方的"分割"按钮 ，即可沿当前时间线所处位置分割素材，如图 12-1 所示。

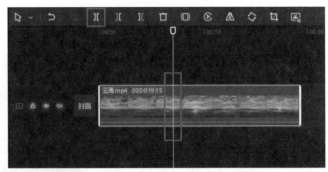

图12-1

第二种方法，按快捷键 Ctrl+B 组合键切换"分割"工具，然后将光标悬停至需要进行分割的位置，单击鼠标左键，即可分割素材，如图 12-2 所示。

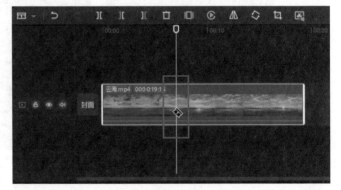

图12-2

第三种方法，将时间线定位到需要进行分割的时间点，然后按下快捷键 Ctrl+B 组合键即可沿当前时间线所处位置分割素材，分割后如图 12-3 所示。

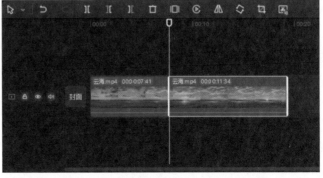

图12-3

12.1.2 视频变速

在剪映专业版中，可以对视频素材的播放速度进行调节，通过调节功能能够将视频素材的速度加快或者变慢，也可实现先快后慢和先慢后快等变速效果。

添加视频素材后，在预览界面右边点击"变速"选项，可以在其中选择常规变速或曲线变速。常规变速选项栏如图 12-4 所示。在常规变速选项栏中可以调整视频素材的速度，也可以直接通过调整素材时长来调整变速。

切换至曲线变速选项栏后，可以看到剪映提供的各种曲线变速预设方案，例如，点击"蒙太奇"预设方案后将在下方出现曲线变速调节框，如图 12-5 所示。

图12-4

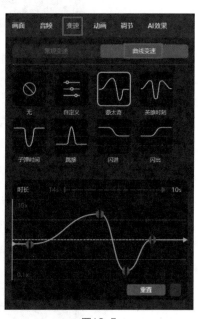

图12-5

12.1.3 制作关键帧动画

在剪映专业版中，关键帧还有很多的应用方式。例如，关键帧结合滤镜功能，可以实现渐变色的效果；关键帧结合蒙版功能，可以实现蒙版逐渐移动的效果；关键帧甚至还能与音频轨道结合，实现任意阶段音量的渐变效果。下面将通过移动贴纸的操作，来讲解剪映专业版中"关键帧"功能的使用方法。

添加一个贴纸，通过"关键帧"功能让原本不会移动的贴纸动起来，形成贴纸从画面的右下角移动到画面中央的效果。

首先在预览区域将添加的贴纸移动至画面的右下角，再将时间轴移动至视频的起始位置，在素材调整区单击"位置大小"旁边的"添加关键帧"按钮■，在时间线所在的位置添加一个关键帧，如图 12-6 所示。

图12-6

将时间线移动至 12s 处，再在预览区域将贴纸移动至画面的正中央，因为贴纸参数发生了变化，此时剪映会自动在时间线所在的位置再添加上一个关键帧，如图 12-7 所示。

图12-7

12.1.4 添加转场效果

剪映专业版添加转场特效的方法与剪映 App 稍有不同，首先需要用鼠标单击顶部工具栏中的"转场"按钮■，此时左侧会出现转场特效的分类栏，供用户在不同的分类中寻找合适的转场特效，如图 12-8 所示。

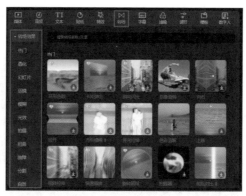

图12-8

转场特效有两种添加方法。一是鼠标左键单击并按住某种转场特效，然后将其拖动至需要添加转场特效的素材之间，如图 12-9 所示。

图12-9

二是将时间线定位至需要添加转场特效的素材之间，然后单击特效右下角的"添加"按钮，如图 12-10 所示。如果不确定某种转场特效的效果如何，在添加前可以单击转场特效，即可预览其效果。

图12-10

转场特效添加成功后，在轨道区域选中
该特效，即可在素材调整区调整该特效的持
续时长，单击"应用全部"按钮即可为所有
素材添加该特效，如图 12-11 所示。

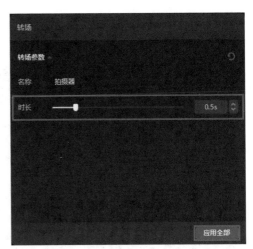

> ▶提示
>
> 　　如若有3个或以上的素材需要添加转场
> 特效，时间线处于中间素材的前半段时，预览
> 的转场特效是与前面素材转场的效果；时间
> 线处于中间素材后半段时，预览的转场特效
> 是与后面素材转场的效果。

图12-11

12.1.5　添加音频素材

剪映专业版的"音频"功能按钮位于顶部工具栏区域，当用户在工具栏中单击"音频"
按钮后，即可在音频选项栏中看到"音乐素材""音效素材""音频提取""抖音收藏""链
接下载"5 个选项。

1. 音乐素材

启动剪映专业版软件，在剪辑项目中导入视频素材并将其添加到时间轴区域。然后在工
具栏中单击"音频"按钮 ，即可在默认的音乐素材选项栏中看到打开的音乐素材列表，如
图 12-12 所示。用户可以在列表中选择不同类型的音乐素材进行试听，如图 12-13 所示。

图12-12

图12-13

　　如若需要将音乐素材添加至剪辑项目中，只需按住鼠标左键，将需要使用的音乐素材拖入时间轴区域，即可完成音乐素材的调用，如图12-14所示。

图12-14

> ▶ **提示**
>
> 添加音效素材与添加音乐素材的操作方法一致，在音频功能区中单击"音效素材"按钮，切换至音效素材选项栏，按住鼠标左键，将需要使用的音效素材拖入时间轴区域，即可完成音效素材的调用。

2. 音频提取

　　启动剪映专业版软件，在剪辑项目中导入视频素材并将其添加到时间轴区域。然后在工具栏中单击"音频"按钮🎵，再单击"音频提取"按钮，在打开的音频提取界面中单击"导入"按钮🔘，如图12-15所示。

图12-15

在打开的"请选择媒体资源"对话框中，打开素材所在的文件夹，选择好需要使用的图像或视频素材后，单击"导入"按钮，如图 12-16 所示。回到音频提取界面中，单击音频素材中的"添加到轨道"按钮🔘，如图 12-17 所示，即可将从素材中提取的音频素材添加至剪辑项目中。

图12-16

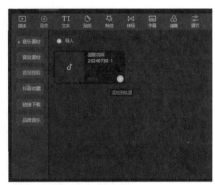

图12-17

3. 抖音收藏

打开抖音 App，在某视频播放界面点击界面右下角的 CD 形状的按钮，如图 12-18 所示，进入拍同款界面，点击"收藏原声"按钮 ✿ 收藏原声，如图 12-19 所示，即可收藏该视频的背景音乐，如图 12-20 所示。

图12-18

图12-19

图12-20

启动剪映专业版软件，登录抖音账号，在剪辑项目中导入视频素材并将其添加到时间轴区域。在工具栏中单击"音频"按钮，然后单击"抖音收藏"按钮，在"抖音收藏"选项栏中，移动光标至需要添加的音乐上，单击"添加到轨道"按钮，如图 12-21 所示，即可将该音乐添加至剪辑项目中。

图12-21

12.1.6 添加贴纸和文本

在剪映专业版中，通过工具栏能够快速添加贴纸效果和字幕文本，使视频画面获得更好的视觉效果。

1. 添加贴纸

在剪映专业版中新建剪辑项目后，导入一段视频素材，在工具栏中单击"贴纸"按钮，即可展开贴纸选项栏，如图 12-22 所示。

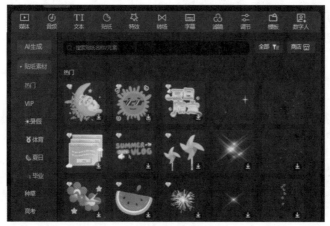

图12-22

　　添加贴纸的方式有两种，在贴纸选项栏中找到想要添加的贴纸效果后，可以单击位于贴纸缩略图右下方的"添加"按钮⊕，即可直接添加贴纸效果至时间轴区域内；也可单击鼠标左键直接拖拽想要添加的贴纸效果至时间轴区域内，如图 12-23 所示。

　　在预览界面的右侧，用户可以调整贴纸的各项参数和添加关键帧，也可以直接在预览界面中调整贴纸效果，如图 12-24 所示。

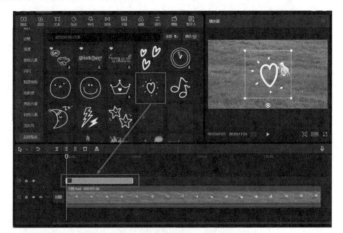

图12-23

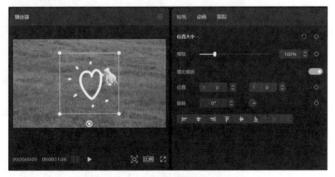

图12-24

2. 添加文本

　　剪映专业版的"文本"功能按钮位于工具栏区域，当用户在工具栏中单击"文本"按钮后，即可在文本选项栏中看到"新建文本""花字""文字模板""识别歌词""智能字幕""本地字幕"等 8 个选项。

　　启动剪映专业版，在剪辑项目中导入视频素材并将其添加到时间轴区域。然后在工具栏中单击"文本"按钮🔠，在文本选项栏的"新建文本"选项中单击"默认文本"中的"添加到轨道"按钮⊕，即可在时间轴区域内添加一个文本素材，而界面右上角的素材调整区域也会随之切换至文本功能区，如图 12-25 所示。

图12-25

在文本功能区中，用户可以在文本框中输入需要添加的文字内容，也可以自由设置文字的字体、颜色、描边、边框、阴影和排列方式等属性，以便制作出不同样式的文字效果。图 12-26 中的字幕为使用了"软熊奶糖"字体和预设样式的效果。

图12-26

在工具栏中单击"文本"按钮 **TI**，在文本选项栏中单击"花字"按钮，打开花字选项栏，选择其中任意一款花字样式，按住鼠标左键，将其拖入时间轴区域内的字幕素材上，即可为字幕素材添加花字效果，如图 12-27所示。

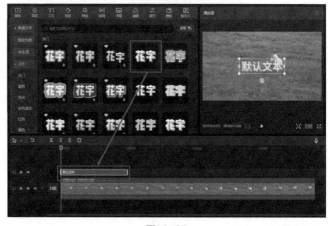

图12-27

在时间轴区域生成文本
轨道后，用户仍然可以在文
本功能区的文本框中修改文
字内容，并设置字体和大小
等属性，图 12-28 中的字幕
为更改字体后的效果。

图12-28

　　文字模板的应用方法与花字的应用方法一致，在文本选项栏中单击 "文字模板" 按钮，切换
至文字模板选项栏，选择其中任意一款文字模板，按住鼠标左键，将其拖入时间轴区域的字幕素
材上，即可为字幕素材添加该文字模板效果。

　　剪映专业版中文本选项栏中的 "智能字幕" 选项包含 "识别字幕" 和 "文稿匹配" 两个
选项，其中 "识别字幕" 是短视频创作者经常使用的一项功能，特别是在创作口播类视频的
时候。

　　启动剪映专业版软件，
在剪辑项目中导入视频素材
并将其添加到时间轴区域。
然后在工具栏中单击 "文
本" 按钮 TI，在文本选项栏
中单击 "智能字幕" 按钮，
打开智能字幕选项栏，如
图 12-29 所示。

图12-29

　　单击 "识别字幕" 选项中的 "开始识别" 按钮，等待片刻，智能识别完成后，时间轴区
域将自动生成字幕素材。选中生成的字幕素材，用户可以在文本功能区中自由设置字幕的字
体、颜色、描边、边框、阴影和排列方式等属性。

　　识别歌词的应用方法与识别字幕的应用方法相同，这里不再赘述。

12.1.7 添加视频特效

单击工具栏中的"特效"按钮☒，此时左侧会弹出特效的分类栏，将特效效果分为画面特效和人物特效，如图12-30所示。

图12-30

在剪映专业版中，若想为视频添加特效效果，有两种添加方法，一是鼠标左键单击并按住某种特效，然后将其拖动至时间轴区域中需添加特效效果的视频素材上，如图12-31所示。

图12-31

二是将时间线定位至需要添加特效的视频素材上，然后单击某种特效右下角的"添加"按钮☒，如图12-32所示。如果不确定所选特效的效果如何，在添加前可以单击该特效，即可预览其效果。

图12-32

添加好特效素材后，可在预览区中预览其效果，不可在素材调整区中对特效效果的参数进行调整，如图 12-33 所示。

图12-33

▶提示

不同的特效效果能够调整的特效参数也不同，例如，变焦等特效效果能够调整其反向变焦、光斑亮度、光斑大小、速度等参数。

12.1.8　1分钟剪辑实战：制作休闲零食广告视频

实战目的：学习使用剪映中的"分割""文字""动画""音频"等功能来制作视频，扫码观看详细的制作方法，1 分钟看完就会。

视 频 二 维 码

12.2　视频后期调色

与剪映 App 相比较，剪映专业版多出"色轮调色"和"预设"功能。下面就详细讲解调整素材画面颜色的不同操作。

12.2.1　基础调节

在剪映专业版中，用户除了可以运用滤镜效果一键改善画面色调，还可以通过手动调整亮度、对比度、饱和度等色彩参数，来进一步营造自己想要的画面效果。

剪映专业版调节色彩参数有两种方法，一是在时间轴区域内添加视频或图像素材后，选中素材，然后单击顶部工具栏的"调节"按钮，此时便可以在编辑界面右侧的素材调整区中调整素材各项参数，如图 12-34 所示。这种调节方式是对选中的素材进行调色，不会作用于其他素材。

图12-34

二是单击顶部工具栏的"调节"按钮 后，在打开的"调节"分类栏列表中单击"自定义调节"选项右下角的"添加"按钮 ，即可在时间轴区域中添加一个调节素材，并在编辑界面右侧的素材调整区中显示各项色彩参数，如图 12-35 所示。

图12-35

第二种调节方法可以同时作用于多个视频素材，用户可自由调整其作用范围，而且一段视频可以添加多个自定义调节的轨道，从而产生叠加的效果，如图 12-36 所示。

图12-36

12.2.2 HSL调节

如前文 9.2.3 节 HSL 调节中介绍，HSL 功能能实现对素材画面的精准调色。图 12-37 所示的画面亮度偏暗，颜色之间的对比并不明显，下面利用 HSL 功能对其进行调色。

选中图片素材后，单击"调节"选项，然后在编辑界面右侧素材调整区单击"HSL"选项，进入 HSL 调色界面，可以看到在 HSL 调色界面中选中红色、橙色、黄色、绿色、青色、蓝色、紫色和玫红色这 8 种颜色中的某种颜色，即可调节其色相、饱和度和亮度参数。此处选择黄色，调整其参数如图 12-38 所示，使画面中的黄色向绿色统一，恢复画面中的部分细节。

图12-37

图12-38

然后，再调节橙色的参数，使得橙色与黄色在色相上统一，为画面色彩做减法，便于后期最关键的绿色调整，调整后效果如图 12-39 所示。

图12-39

最后，调整绿色的参数，使画面中的绿色更加鲜艳，调整后效果如图 12-40 所示。

图12-40

调节前后对比如图 12-41 和图 12-42 所示。

图12-41

图12-42

12.2.3 曲线调节

打开剪映专业版的曲线界面，会出现 4 个 45°角的斜线，其中白色曲线调节画面亮度，红、绿、蓝色曲线调节画面颜色，每条曲线都划分了 4 个区域，由左至右划分为由暗到亮的部分。调节曲线的方法是通过在曲线上打上锚点，然后移动锚点来实现，如图 12-43 所示。

在亮度曲线中间打上锚点，然后往上移动锚点，形成曲线，画面整体亮度会提高，如图 12-44 所示。而向下移动锚点，则画面整体亮度会降低。将曲线上方端点向下拖拽，则会降低画面中高光部分的亮度；将曲线下方端点向上拖拽，则会提高画面中阴影部分的亮度。

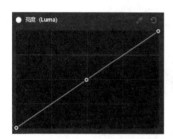

图12-43

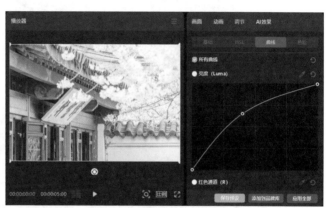

图12-44

除了亮度曲线外，还有红色、蓝色、绿色曲线。利用曲线调整颜色的依据是颜色的互补性，例如，在红色曲线上打上锚点然后向上移动锚点，画面会偏向红色，而向下移动锚点，画面会偏向蓝色。

▶提示

同样地，绿色曲线上的锚点向上移动会偏向绿色，向下移动则偏向玫红。蓝色曲线上的锚点向上移动会偏向蓝色，向下移动则会偏向黄色。在调色过程中，使用曲线工具做到色相上的统一后再调色，能够保证画面清爽、干净。

12.2.4 色轮功能

剪映专业版有 4 个色轮，其中前 3 个色轮分别调节画面中暗部、中灰和亮部区域，最后一个"偏移"色轮是对画面 3 个区域进行整体调整，如图 12-45 所示。

每个色轮都可以对画面的色彩、亮度和饱和度进行调整，调整颜色时，往哪个颜色拖动白点，颜色就会往哪个颜色偏移，色轮下方的数值也会随之发生改变，改变的数值代表当前颜色调整的参数，也可以手动输入参数数值来得到想要的颜色。

上下滑动色轮左边小三角形能调整画面中颜色的饱和度，上下滑动色轮右边的小三角形能调整画面中颜色的亮度，如图 12-46 和图 12-47 所示。

图12-45

图12-46

图12-47

12.2.5 滤镜功能

在后期对短视频的色调进行处理时，不仅要突出画面主体，还需要表现出适合主题的艺术气息，而使用滤镜功能则可以轻易实现不错的色调视觉效果。

在时间轴区域中添加视频或图像素材后，将时间线移动到需要插入滤镜的时间点，然后单击顶部工具栏的"滤镜"按钮，打开"滤镜"列表，如图 12-48 所示。

图12-48

在"滤镜"列表中包含了"精选""风景""人像""美食""夜景""风格化""复古胶片""影视级""基础""露营""室内"和"黑白"等十几类不同风格的滤镜效果，用户可根据自己的作品风格在相应类别中选择滤镜效果。应用滤镜效果的方法很简单，只需单击所选滤镜效果右下角的"添加"按钮，即可将所选滤镜添加到时间轴区域中，或直接拖拽所选滤镜效果至时间轴区域中，如图 12-49 所示。

图12-49

图 12-50 为添加"室内"类别中的"布朗"滤镜的画面效果，图 12-51 为添加"室内"类别中的"淡奶油"滤镜的画面效果，可以看出，添加滤镜后画面产生了明显变化。

图12-50

图12-51

用户在添加滤镜效果后，可以在编辑界面右侧的素材调整区域中调整滤镜的应用强度，如图 12-52 所示。在调整时需要记住，"滤镜强度"数值越小，滤镜效果越弱；"滤镜强度"数值越大，滤镜效果越强。

图12-52

▶ 提示

单击重置按钮 ⟳，可将"滤镜强度"参数快速恢复至起始状态。

在剪映专业版中，用户可以选择将滤镜应用到单个素材，也可以选择将滤镜应用到某一段时间轴区域内。调整滤镜应用时长及范围的主要区域在时间轴，左右拖动滤镜素材即可调整其应用范围。例如，将滤镜效果拖动到两段素材之间，即表示两段素材的过渡时间段的画面会被滤镜效果覆盖，如图 12-53 所示。

图12-53

此外，通过拖动滤镜素材的首尾处，也可以自由调整滤镜素材的时长，如图 12-54 所示。

图12-54

12.2.6　美颜美体

剪映专业版的美颜美体功能相较于剪映 App 来说，分类更为简单，只有"智能美颜"和"智能美体"两个选项，但其功能仍然齐全，"美白""瘦脸""瘦腰""长腿"等效果应有尽有。

在时间轴区域选中需要进行美颜美体处理的素材，在素材调整区域中切换至美颜美体选项栏，勾选"美颜"复选框，将在预览界面中自动框选人物面部，同时可以看到右侧界面中有"匀肤""丰盈""磨皮""祛法令纹""祛黑眼圈""美白""白牙""肤色"这些选项，用户可以拖曳各个选项旁边的白色滑块来调整其效果的强弱，如图 12-55 所示。

图12-55

同理，当用户勾选"美体"复选框后，便可以看到右侧界面中有多个可以调节的选项，用户可以拖曳各个选项旁边的白色滑块来调整其效果的强弱，如图 12-56 所示。

图12-56

除此之外，素材调整区域中还可以勾选"美型"和"美妆"复选框，勾选"美型"复选框后可以调整的选项如图12-57所示；勾选"美妆"复选框后可以调整的选项如图12-58所示。

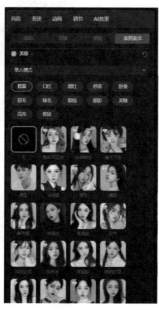

图12-57　　　　　　　　　　图12-58

12.2.7　1分钟剪辑实战：用剪映专业版做电影感调色

实战目的：学习使用剪映专业版中的"滤镜""基础调节"等功能来制作视频，扫码观看详细的制作方法，1分钟看完就会。

视频二维码

12.3　视频抠像与合成

在制作短视频时，用户可以在剪映中使用画中画、蒙版和色度抠图等抠图工具来制作合成特效，使得短视频更加炫酷，例如常见的人物分身合体和穿越时空效果。本节将介绍在剪映专业版中应用常用的视频合成功能来制作更具吸引力的短视频。

12.3.1　画中画

剪映专业版中添加画中画的方式与剪映 App 有所不同，将素材导入后，单击选中素材并按住素材拖动至画中画轨道上，即可实现画中画效果，例如，在图12-59中，名为"枫叶1"

的视频素材所处轨道是主轨，名为"枫叶 2"的视频素材是画中画轨道。在不使用蒙版功能的情况下，位于画中画轨道上的素材画面会覆盖主轨上的素材画面。

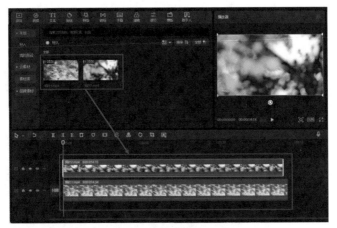

图12-59

12.3.2 蒙版

为画中画轨道上的素材添加蒙版后，即可显示主轨上的素材。单击选中素材后，在素材调整区域中单击"画面"选项，然后选择"蒙版"，便可以为素材添加各种蒙版，如图 12-60 所示。

为素材添加蒙版后，除了可以在预览区拖动蒙版的位置，也可以于素材调整区中调整素材的位置、旋转角度和羽化，如图 12-61 所示，单击"重置"按钮 ◎ 可以重置对蒙版的设置；单击"反转"按钮 ◎ 可以反转当前蒙版的覆盖区域；单击"添加关键帧"按钮 ◎ 可以添加关键帧。

图12-60

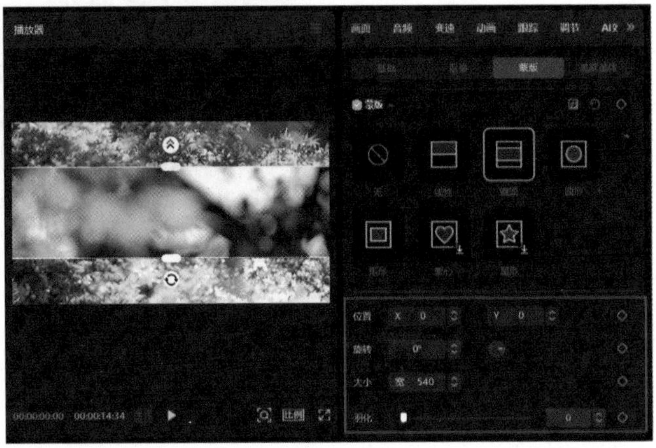

图12-61

12.3.3 色度抠图

"色度抠图"功能的使用方法较之"智能抠像"功能的使用方法更复杂，并且"色度抠图"功能一般结合绿、蓝幕素材使用，接下来介绍剪映专业版中的"色度抠图"功能的使用方法。图 12-62 所示为剪映专业版的色度抠图界面。

其中，"强度"数值越大，则表示选取的颜色将被抠取得越干净；"阴影"数值越大，则表示抠取后留下的部分边缘越柔和。

图12-62

12.3.4 混合模式

剪映专业版中也能使用混合模式功能来制作各种各样的视频画面效果。

启动剪映专业版，导入素材后，选中画中画轨道上的素材，切换至素材调整区，勾选"混合模式"复选框后，展开混合模式菜单即可看到各个混合模式选项，如图 12-63 所示。

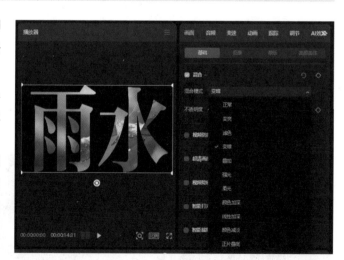

图12-63

12.3.5 1分钟剪辑实战：制作镂空文字片头

实战目的：学习使用剪映中的"混合""动画""分割"功能来制作视频，扫码观看详细的制作方法，1 分钟看完就会。

视频二维码

第13章 AI自动化剪辑

随着 AI 剪辑的迅猛发展，剪映也更新了不少 AI 创作功能，这些 AI 功能不是徒有其表，而是真正能帮助我们提升短视频创作的效率和质量，所以我用一章的篇幅来完整介绍剪映的 AI 到底有多强大。由于剪映根据用户的使用场景不同，所以针对 App 版和专业版做了不同功能设计，本章我们会根据不同功能，展示手机版和电脑版。

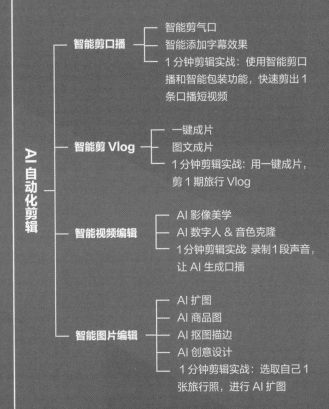

13.1 智能剪口播

13.1.1 智能剪气口

当下占据主流的短视频专属口播短视频，但因为录制这类视频的过程中不可避免地会出现重复、说错、停顿等，为了给观众流畅的观看体验，创作者需要对视频中这种重复、停顿的地方进行裁剪，俗称"剪气口"。可想而知，这个剪辑过程比较耗时间，但剪映最新的"智能剪口播"功能，可以一键完成所有动作。

导入一段口播素材，点击"智能剪口播"，软件会把这条视频中所有的文案、停顿点全部提炼到屏幕左边，如图13-1、图13-2所示。

图13-1

图13-2

点击屏幕左边文本区，可以一键标记无效片段，并点击删除，如图13-3所示。然后，这条视频中所有的停顿点、语气词、重复处都会被删掉，智能剪辑一条流畅的成片，如图13-4所示。

图13-3

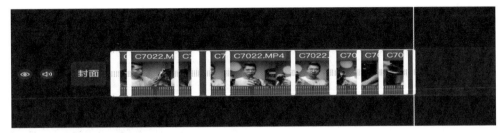

图13-4

"智能剪口播"这一功能极大程度地节省了我们剪气口的时间，之后我们只需对视频素材进行微调。

13.1.2 智能添加字幕效果

当我们通过"智能剪口播"把气口剪完后，接下来要添加字幕效果。剪映 App 为了让我们能快速发布视频，专门设计了"智能包装"功能，会根据视频内容，智能添加字幕、标记重点花字、添加动画和音效，如图 13-5、图 13-6 所示。

同样，当剪映帮我们加好字幕、花字、动画、音效之后，我们再进行微调导出，即可快速做出 1 条符合平台要求的口播短视频。

图13-5

图13-6

13.1.3 1分钟剪辑实战：使用智能剪口播和智能包装功能，快速剪出1条口播短视频

视频二维码

实战目的：学习使用剪映中的"智能剪口播""智能包装"功能来快速创作 1 条口播短视频，扫码观看详细的制作方法，1 分钟看完就会。

13.2 智能剪Vlog

13.2.1 一键成片

当我们旅行的时候，拍了众多素材，当天想剪出来发布平台或朋友圈，但玩了一天很累，不想花 1~2 小时剪辑，这个时候可以使用"一键成片"功能，只需要勾选多条素材，剪映就能快速对众多素材进行排序、裁剪、调色、加效果字幕、加背景音乐，产出一条高质量的快剪短视频。

我们打开剪映 App 版，第一个菜单区就是"一键成片"，如图 13-7 所示。点击"一键成片"按钮，然后选择需要添加的素材，如图 13-8 所示。点击"下一步"按钮，系统就开始识别类型，匹配相应效果。

| 图13-7 | 图13-8 |

识别完成后，如果效果不满意我们可以点击下方不同的效果组合，选出自己最喜欢的 Vlog 剪辑效果，如图 13-9 所示。如果这个效果已经很满意，就直接导出，如图 13-10 所示。

| 图13-9 | 图13-10 |

如果喜欢这个效果组合，但里面的素材有些需要替换，或者音乐、字幕想修改，就点击"编辑"，进入素材编辑界面。这时可以替换单个素材，或进行裁剪，或进行调色、美颜等，如图 13-11 所示。

如果还想更加精细化调节，可以点击右下角"解锁草稿"按钮，如图 13-12 所示。这时会看到剪辑草稿的整条轨道，如图 13-13 所示。具体要修改哪个位置，只需要正常在轨道区域内调整就好，然后在调整结束后导出。

图13-11

图13-12

图13-13

需要注意的是，这些效果组合都是用的其他创作者设计的模板，有的模板解锁草稿需要付费。我每次旅行，当天来不及剪辑，都会先用"一键成片"，花 10 分钟就能完成 1 条精致的视频在朋友圈发布。评论区有人说我剪得高级，其实就是用的这个功能，"一键成片"功能既简单又高效，而且生成的视频质量很高，建议大家可以多用。

13.2.2　图文成片

如果我们做账号需要批量生产内容，并且只做图文形式而不是视频，比如科普类、历史类、情感类内容等。那剪映的"图文成片"是一个非常好用的功能，可以智能写文案 + 配音 + 配图 + 配字幕，几乎无输入要求，就可以完全自动化生成内容。

打开剪映 App，在主页菜单区点击"图文成片"按钮，如图 13-14 所示。进入图文成片界面，用户可以选择自己自由编辑文案，也可以选择智能写文案，如图 13-15 所示。

这里，我们选择智能写文案，需要 AI 帮我们写一篇关于唐朝历史科普的短视频文案。此时，点击右下角"自定义主题"按钮，在文本框中输入如下要求，如图 13-16 所示。

图13-14

图13-15

图13-16

然后，点击右上角"生成"按钮，等待 1 分钟，AI 就会生成 3 篇大约 200 字的短视频文案，如图 13-17 所示。如果觉得某些文字不妥，可以点击编辑修改，如果没问题，可点击"生成视频"按钮，选择"智能匹配素材"，如图 13-18 所示，AI 可以帮我们配图。

于是，我们就可以得到 1 条已经配好图片、加好字幕和配乐，以及系统配音的完整视频。在此基础上，还可以对内容进行微调，如图 13-19 所示。

"图文成片"这个功能强大得让人惊讶，视频完成度特别高，几乎可以导出直接发布抖音等平台，甚至有可能成为一条爆款视频。要用好这个功能，最关键的能力就是提问。提出一个好问题和限制条件，AI 就能输出更有流量体质的内容。

图13-17

图13-18　　　　　　　　　图13-19

13.2.3 1分钟剪辑实战：用一键成片，剪1期旅行Vlog

实战目的：学习使用剪映中的"一键成片"功能来全自动生产短视频，扫码观看详细的制作方法，1 分钟看完就会。

视 频 二 维 码

13.3 智能视频编辑

13.3.1 AI影像美学

如果拍出来的视频不好看，剪映有丰富的 AI 功能，通过算法提升我们画面的美感，本节就来介绍其中最厉害的 3 种功能，分别是"超清画质""智能打光""色彩克隆"。

1. 超清画质

如果原始文件清晰度不足（如视频或图片素材是在暗光条件拍摄的，或是几年前的素材不够清晰），则无法通过剪映的"调色"功能来解决。这时我们可以使用剪映的"超清画质"，通过算法分析画面，让视频或图片得到更多的细节还原，并提升清晰度，如图 13-20 所示。

图13-20

例如，图 13-21 是我 6 年拍的夜景，是当时使用 iphone 6 拍的，画面比较暗沉、模糊，而使用剪映的"超清画质"之后，得到了图 13-22 的画面。前后对比可以看出，清晰度和画面质感都得到了提升。

图13-21

图13-22

2. 智能打光

"智能打光"功能是像我这种数码影像类口播博主最喜欢的功能，但其实对所有种类的短视频都有效，只是大多数用户还不知道，剪映已经把后期补光效果做到如此丰富，现在就来揭秘。

首先，我们点击"智能打光"，一共有基础面光、氛围彩光、创意光效 3 种类别，并且每种都提供了很多细节设计的选项，如光源类型、颜色、强度、半径、距离等。

例如，图 13-23 是阴天拍摄的视频画面，整体没什么层次感，我希望这个画面能有一种电影质感，就可以通过后期智能打光的方式来营造。

图13-23

　　我们调整基础面光，选择"清晨阳光"选项，光源类型选平行光，颜色为橘黄色，强度为 35，光源半径为 60，光源距离为 60，如图 13-24，这样可以让整个画面都产生暖阳效果。

　　而画面中右边有百叶窗，为了模拟光线从百叶窗透进来，我们把光源设在右上方。这样脸部右上方会产生高光区域，左下方会产生阴影，使得脸部线条更加立体。这样一个电影质感的人像打光效果就做好了，如图 13-25 所示。

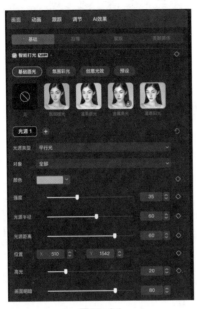

　　　　图13-24　　　　　　　　　　　　　　　　　图13-25

　　除了基础面光，还有氛围彩光和创意光效，如图 13-26、图 13-27 所示。和基础面光同样的方法，大家可以打开剪映自己应用感受。

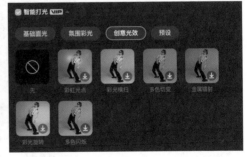

　　　　图13-26　　　　　　　　　　　　　　　　图13-27

3. 色彩克隆

　　剪映对于调色推出了"智能调色"功能，但这里不作为单独一节讲，因为这个功能目前优化还不太好，调出来的颜色比较单一，不建议使用。后期如果优化得很好，我会在补充视频章节中讲。

"色彩克隆"功能也是调色中不错的选择，刚推出不久，使用的人应该不多，我体验下来，其最合适的应用场景就是模拟电影海报调色。剪映会分析一张图片的色彩组合，然后将这个色彩组合复制到我们的目标画面上，如图 13-28 所示。

例如，我去酒泉卫星发射中心和火箭拍过 1 张照片，如图 13-29，我们现在对这张照片进行处理。

我希望这张照片有种富士胶片的感觉，就像我之前用富士相机拍摄的一样，如图 13-30 所示。

图13-28

图13-29

图13-30

接下来我们只需要把这两个画面放在同一条时间轴轨道上，点击"色彩克隆"，选择目标图，点击"确认"，如图 13-31、图 13-32 所示。

图13-31

图13-32

然后我们就得到了 1 个富士相机的色彩画面，如图 13-33 所示。

可以看出，"色彩克隆"的还原度是很高的，如果大家喜欢哪个博主的视频调色风格，也可以按这种方法，克隆别人的色彩，用在自己的视频创作中。

图13-33

13.3.2　AI数字人&音色克隆

这节我们主要讲数字人和音色克隆的运用，随着 AI 在视频创作领域的深入应用，人人都可以制作自己的克隆数字人，模拟自己的声音，代替自己进行出镜口播。

1. 数字人

数字人目前有两种，一种是直接选用不同形象的数字人，另一种是定制自己的数字人。前者在剪映里已经存在，直接选用就可以；后者需要付费单独定制，有使用时限。

打开剪映 App，在时间轴轨道区导入任意视频素材，添加字幕后，即可激活数字人功能，如图 13-34、图 13-35 所示。

图13-34　　　　　　　　　　图13-35

我们点击底部工具栏中的"数字人"按钮，进入数字人选项栏，可以选择数字人的形象、音色、景别，以及背景图片等。接下来，在"请输入文案"区域输入刚才添加的字幕文案，在画面中通过数字人口播念出来，如图 13-36 所示。

如果我们不想用别人的形象，可以点击第一个菜单"形象定制"，定制自己专属的数字人，代替自己进行出镜口播。只是这个功能需要耗用较多资源，需要持续付费使用，如图 13-37 所示。如果是批量做账号的朋友，可以多应用"数字人"功能提高自己的内容生产效率。

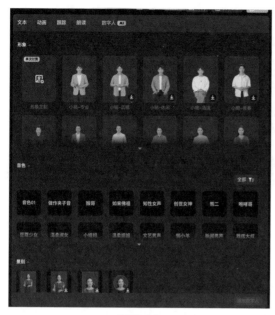

图13-36

图13-37

2. 克隆音色

"克隆音色"也是剪映非常厉害的功能，可以非常逼真地模拟我们的声音，创作口播语音。在做图文或视频配音的时候，我们只需要输入文案，就可以用克隆音色功能帮我们生成音频，省去录制的过程，如图 13-38 所示。

同样地，我们在轨道输入 1 段文案之后，可以激活"朗读"功能，第一个选项就是"克隆音色"。然后系统会让我们朗读以下例句，我们"点按开始录制"朗读这段话，系统立即会生成自己的音色，即可长期使用，如图 13-39 所示。

需要注意的是，为了提高音色的还原度，录制时建议不要有环境杂音，并且注入饱满的情感，这样 AI 能最大程度还原我们的音色。

图13-38

图13-39

13.3.3　1分钟剪辑实战：录制1段声音，让AI生成口播

实战目的：学习使用剪映中的"克隆音色"功能来制作声音，接下来扫码观看详细的制作方法，1 分钟看完就会。

视 频 二 维 码

13.4　智能图片编辑

剪映还具有强大的 AI 图片编辑功能，包含"AI 扩图""AI 商品图""AI 抠图描边"以及其他创意设计，这些功能相当好用，而且免费，可以极大程度拓展我们的创作空间。

13.4.1　AI扩图

"AI 扩图"是剪映很火爆的功能，可以把一张图片的画面元素增加扩大，并且非常逼真，毫无违和感。如果对拍摄的照片不满意，或者横竖屏切换，可以用这个功能实现智能编辑。

打开剪映专业版，我们在时间轴轨道上导入 1 张照片，如图 13-40 所示。

导入后即可激活 AI 扩图功能，然后选择画布比例，缩放大小，最多可以延伸 70% 的空间。还可对这张照片进行横屏转竖屏，补齐上下空间，缩放 32%，点击"开始生成"按钮，如图 13-41 所示。

于是，我们便得到了 1 张不同风格的 AI 扩图效果，如图 13-42 所示。该功能自动延伸了上下空间，整个构图和元素非常合理，整体效果非常逼真。

我经常用该功能进行横竖屏切换，从而得到超清画质、元素丰富的照片。

图13-40

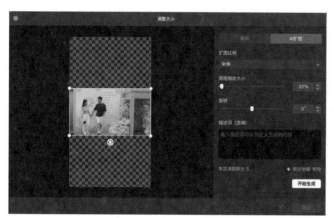

图13-41

图13-42

13.4.2 AI商品图

"AI 商品图"这个功能对于我们制作产品图特别好用，只需要拍摄 1 张纯色背景的商品图片，剪映就可以自动生成非常生动的高级产品图。

我们打开剪映 App，下滑菜单栏找到"AI 商品图"，如图 13-43 所示。选择要编辑的商品图片，如图 13-44 所示。

只需要把这张商品图片导入剪映的时间轴区域，即可自动生成效果图，如图 13-45 所示。剪映自动生成的效果种类非常丰富，我们自行选择其中满意的效果即可。

图13-43

图13-44　　　　　　　　　　　　　　　图13-45

13.4.3　AI抠图描边

　　我们经常会看到别人的抖音、小红书、B 站上的视频封面很好看，人物还都有漂亮的描边。以前这种描边需要我们先用 Photoshop 抠图，然后手动画线，操作比较复杂。而现在，剪映的"AI抠图描边"功能，可以实现一键画出漂亮的描边。

　　例如，我想选择一张比较有情绪张力的照片作为封面，如图 13-46 所示。而且，想在封面上添加花字，但这个画面元素比较饱满，没有放效果花字的空间，所以我想到利用 AI 抠图描边功能，把人物圈出来再加花字。

　　我们把图片导入时间轴轨道之后，点击底部工具栏的"抠像"按钮，再点击"智能抠像"里面的"抠像描边"，可以自定义颜色、大小和透明度，如图 13-47 所示。

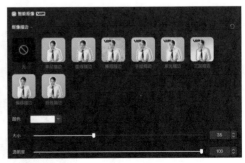

图13-46　　　　　　　　　　　　　　　图13-47

根据不同选择，我们可以
得到 1 张被完整抠图与清晰描
边的人像，如图 13-48 所示。

之后，我们就可以添加
花字的文案，做成 1 个精致的
封面图。剪映还有其他几种抠
像描边方式，如虚线描边、偏
移描边、折线描边等等。大家
可以在实际操作中多多感受和
应用。

图13-48

13.4.4 AI创意设计

以上 3 种 AI 功能是我们最常用且剪映优化得较好的功能，其他还有 AI 特效绘画、AI 写真、AI 贴纸是剪映中存在的功能，由于其使用场景较少，使用频率不高，而且精确度较低，所以在本节集中给大家介绍。

1. AI 特效绘画

当我们需要某些素材，
但限于条件拍不出来，或
制作有难度时，可以使用
AI 特效绘画先确定画面风
格，再输入风格描述词，如
图 13-49 所示。

图13-49

输入描述词后，系统便
能帮我们智能生成一张目标
画面，如图 13-50 所示，虽
谈不上很出色，但足够作为 1
个图片素材。这里，我选的
是油画风格，其他还有漫画、
超现实 3D 等风格。

图13-50

2. AI 写真

"AI 写真"是个很好玩的功能，只需要导入 1 张自己的照片，系统就可以自动生成不同风格的写真照，而且还原度很高。

例如，打开剪映专业版，导入一张我的证件照片，如图 13-51 所示点击"玩法"，选择"AI 写真"，如图 13-52 所示。

图13-51

图13-52

根据不同的场景设定，可以得到各种不同风格的写真，并且面部神态、形体复刻都很到位，如图 13-53~ 图 13-56 所示。大家可以自行尝试，看看自己在不同场景设定下的样貌，会很有意思。

图13-53

图13-54

图13-55

图13-56

3. AI 贴纸

当我们需要在画面中使用某些素材元素，而剪映自带贴纸中没有时，我们可以输入提示词，让 AI 自动生成贴纸供我们使用。

打开剪映专业版，单击"贴纸"菜单，选择"AI 生成"选项，如图 13-57 所示，进入到主界面。

例如，我们要展示 1 张口播照片，其右上角位置想放一个卡通人物扛着相机的贴纸素材，就可以在文本框中输入相应的提示词，如图 13-58 所示，于是得到几个贴纸素材，如图 13-59 所示。

我们选取第一个，应用到口播照片当中，可以作为标题的元素摆件，如图 13-60 所示。

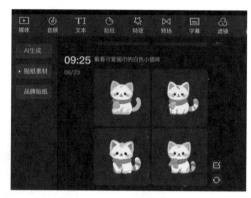

图13-57

图13-58

图13-59

图13-60

总的来说，对于 AI 的应用，最核心的能力是构建提示词的能力。只要你的提示词精准到位，AI 就能最大限度生产出符合你要的画面素材。这需要大家在实战中不断去练习。

13.4.5 1分钟剪辑实战：选取自己1张旅行照，进行AI扩图

实战目的：学习使用剪映中的"AI 扩图"功能来制作照片，由于这个作业较为简单，且比较个性化。所以大家自行找照片练习即可。

视频二维码